# Kauf und Bau eines Fertighauses

## Massiv- und Holzbauweise

4. aktualisierte Auflage, Oktober 2011, 29.–35. Tausend


ISBN: 978-3-940580-94-8
Printed in Germany

## Inhaltsverzeichnis

## 5 Herstellerüberprüfung und Vertragsgestaltung



## 6 Der Keller



## 7 Die Baudurchführung



## 8 Mängelbeseitigung, Abnahme und Gewährleistung



## 9 Anhang

# Einführung

Alternative zum Hausbau mit dem Architekten

Das Bauen mit dem Fertighaus- bzw. Fertigmassivhausanbieter ist eine interessante Alternative zum klassischen Hausbau und Hauskauf. Die Möglichkeit einer vorherigen Besichtigung der Häuser, der hohe Vorfertigungsgrad und die festen Preise und Termine sind Vorteile gegenüber dem konventionellen Planen und Bauen. Demgegenüber steht der Aufwand, sich zunächst einmal einen Überblick über den Markt zu verschaffen und sinnvolle Vergleiche zwischen den Angeboten zu ziehen. Darüber hinaus gibt es auch bei Holz-Fertighäusern bzw. Massiv-Fertighäusern eine ganze Reihe teilweise hoher und schwer kalkulierbarer Nebenkosten, die man von Anfang an im Auge behalten muss.

Der Ratgeber setzt sich mit den wichtigsten Fragen auseinander, die für Hauskäufer beim Erwerb eines Holz- oder Massiv-Fertighauses auftauchen und unterstützt sie in ihren Entscheidungsprozessen.

Kapitel 1 informiert Sie über die baurechtlichen und bautechnischen Voraussetzungen, die ein Grundstück erfüllen muss, und zeigt Ihnen, wie Sie dessen Eignung für den Bau eines bestimmten Fertighauses prüfen können. Darüber hinaus finden Sie hier Tipps für den Kauf eines Grundstücks. In Kapitel 2 erfahren Sie mehr über die Konstruktionsarten im Fertighausbau und über die Unterschiede zwischen Holz-Fertighäusern und Massiv-Fertighäusern. Mehr über die Möglichkeiten einer zielorientierten Suche nach dem für Sie passenden Fertighaus finden Sie im Kapitel 3. Kapitel 4 befasst sich intensiv mit dem Baustoff Holz als meistgenutztem Hauptbaustoff für Fertighäuser. Das Kapitel 5 behandelt die Auswahl des Herstellers und gibt Hilfestellung bei der Vertragsgestaltung. Da der Keller häufig nicht zum Leistungsumfang eines Fertighausanbieters gehört, befasst sich das Kapitel 6 speziell mit dem Kellerbau. In Kapitel 7 wird anschließend der weitere Weg von der Baueingabe bis zum Bauablauf beschrieben. Kapitel 8 befasst sich mit der Hausabnahme und stellt hierzu ausführliche Checklisten bereit.

# Kapitel 1
# Voraussetzungen

Um ein Fertighaus oder Fertigmassivhaus erstellen zu können, benötigen Sie ein eigenes Grundstück. Nur in den seltensten Fällen wird Ihnen ein Fertighausanbieter auch ein Grundstück zur Verfügung stellen.

**Nicht jeder Haustyp kann auf jedem Grundstück errichtet werden**

Wenn Sie bereits ein Grundstück besitzen und dieses auch für den Bau des Fertighauses verwenden wollen, dann werden Ihnen durch die Art der zulässigen Bebauung dieses Grundstücks und durch die Eigenschaften des Grundstücks selbst (zum Beispiel Topografie, Baugrundbeschaffenheit) Grenzen vorgegeben: Nicht jeder Haustyp kann auf jedem Grundstück errichtet werden.

## Die rechtlichen Grundlagen für die Bebauungsmöglichkeiten eines Grundstücks

Grundstücke unterliegen in Deutschland in der Regel einer Bebauungsordnung, die in einem so genannten Bebauungsplan von den Kommunen festgelegt wird. Auch wenn das Grundstück Ihnen gehört, können Sie also hinsichtlich der Bebauung nicht frei darüber verfügen.

Im Bebauungsplan ist meist Folgendes geregelt:

- die Geschossflächenzahl (GFZ),
- die Grundflächenzahl (GRZ),
- die Dachneigung (DN),
- die Dachform (zum Beispiel Satteldach: SD),
- die vorgeschriebene Firstrichtung,
- die Zahl der Vollgeschosse sowie
- das Baufenster, innerhalb dessen gebaut werden darf.

**Sieben Kenndaten**

Der Korpus Ihres zukünftigen Hauses wird hauptsächlich über diese sieben Kenndaten definiert. Hinsichtlich der Festlegung des Standortes des Hauses auf dem Grundstück sind vor allem zwei Begriffe wichtig: Bebauungsgrenzen und Bebauungslinien. Was man unter all den Begriffen versteht, finden Sie in dem nachfolgenden Glossar.

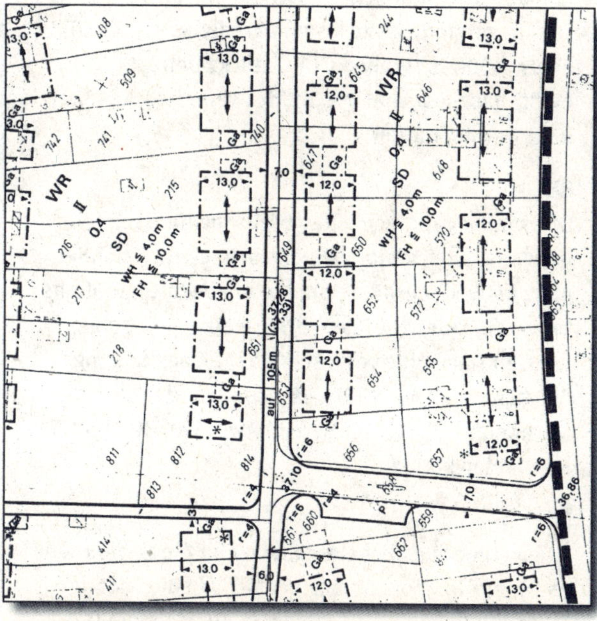


Ausschnitt eines Bebauungsplans

## Glossar

**GFZ**
Die Geschossflächenzahl sagt aus, wie groß die Grundfläche aller Geschosse in der Summe im Verhältnis zur Grundstücksfläche sein darf. Beispiel: Die GFZ eines 400 m² großen Grundstücks ist mit 1,0 angegeben, das heißt, dass alle Geschosse zusammen eine Fläche von 400 m² aufweisen dürfen. Lautet die GFZ 0,5 heißt dies, dass alle Geschosse zusammen eine Fläche von 200 m² aufweisen dürfen. Die

# Glossar

Geschossflächenzahl kann entweder als Höchstmaß (zum Beispiel GFZ 0,5) oder als Mindest- und Höchstmaß angegeben werden (zum Beispiel GFZ 0,5 bis 0,8).

**GRZ**

Die Grundflächenzahl sagt aus, wie groß die Grundfläche des überbauten Grundstücksteils im Verhältnis zum Gesamtgrundstück sein darf. Beispiel: Die GRZ eines 1.000 m² großen Grundstücks beträgt 0,4, das heißt, dass maximal 400 m² des Grundstücks überbaut werden dürfen.

**DN**

DN ist eine gebräuchliche Abkürzung für Dachneigung. Sie umschreibt die vorgeschriebene Dachneigung entweder exakt in Grad oder aber die Variationsbreite. Beispiel: Sie lesen DN 30, dann heißt dies, dass Ihr Dach eine vorgeschriebene Dachneigung von 30° haben muss. DN 30–45 bedeutet, dass Sie die Dachneigung in einem Bereich zwischen 30 und 45° frei wählen können.

**SD**

Ist eine gebräuchliche Abkürzung für die Gestaltdefinition des Daches. SD bezieht sich auf die Formgebung des Daches als Satteldach. Auch andere Dachformen wie zum Beispiel Pultdächer oder Flachdächer können im Bebauungsplan vorgeschrieben sein.

**Firstrichtung**

Der First ist die oberste Dachlinie, die Linie also, wo sich beide Dachflächen treffen. Die Firstrichtung umschreibt die vorgeschriebene Laufrichtung der Hauptfirstlinie Ihres Hauses, das heißt, ob der Dachfirst Ihres Hauses beispielsweise parallel zur Straße verlaufen muss oder auf die Straße zu. Dies wird zunächst oft übersehen, hat aber große Auswirkungen zum Beispiel auf die Belichtung Ihres Dachgeschosses.

**Zahl der Vollgeschosse**
Diese ist zumeist als römische Zahl direkt auf dem Grundstück eingetragen. Sie gibt Auskunft darüber, wie viele Vollgeschosse Ihr Haus haben darf. Beispiel: Sie sehen eine **II**. Dies heißt, dass Ihr Haus maximal zwei Vollgeschosse haben darf. Sie können darüber hinaus dann nur noch beispielsweise einen Dachausbau in der Weise vornehmen, dass dieser Dachausbau vom Flächenumfang nicht mehr unter die Definition Vollgeschoss fällt. Diese ist nach den unterschiedlichen Landesbauordnungen in der Bundesrepublik Deutschland unterschiedlich geregelt. Die zulässige Anzahl der Vollgeschosse kann als Höchstmaß, als Mindest- und Höchstmaß oder als zwingendes Maß angegeben werden. Ist eine bestimmte Anzahl an Vollgeschossen zwingend gefordert, steht die römische Ziffer in einem Kreis.

**Baugrenzen**
Die Baugrenzen geben Auskunft über die maximal mögliche Ausdehnung eines Gebäudes, sie definieren das so genannte Baufenster, also die Fläche, auf der innerhalb des Grundstücks gebaut werden darf. Eine Gebäudefront kann bis zu einer Baugrenze gehen oder dahinter zurückbleiben.

**Baulinien**
Die Baulinien hingegen schreiben eine verbindliche Platzierung einer Gebäudefront auf einer bestimmten Linie vor, also beispielsweise die zwingende Errichtung einer Hauswand exakt zwei Meter vom Gehweg entfernt.

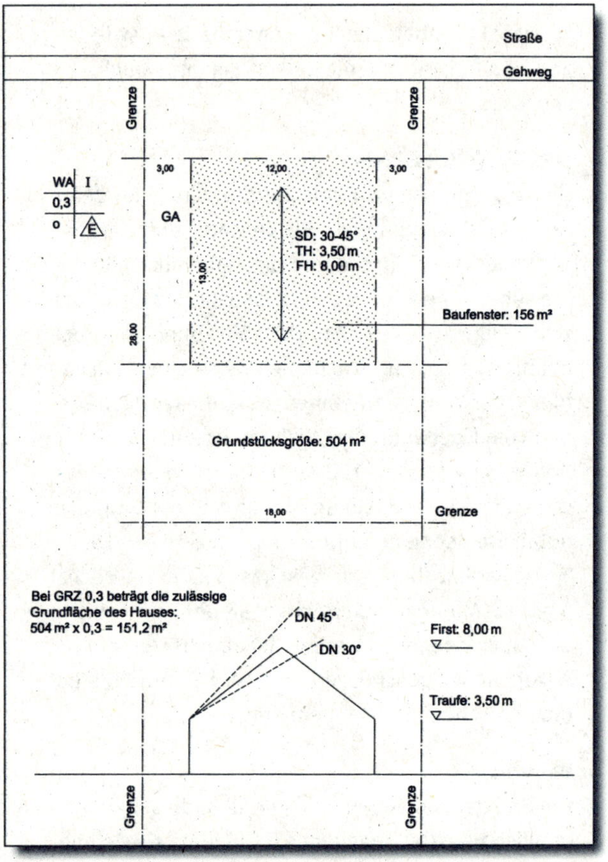


**Bebaubarkeit eines Grundstücks**

**Bebauungsplan bei der Gemeinde einsehen**

Der erste Schritt vor der Suche nach einem Fertighaus besteht also darin, herauszufinden, was genau auf dem in Frage kommenden Grundstück gebaut werden darf. Wenn Sie hierzu den Bebauungsplan bei einer Gemeinde einsehen, fragen Sie dort unbedingt nach, ob Ihnen der aktuellste Stand mit allen Nachträgen vorliegt.

Trotz der Vorgaben im Bebauungsplan kann es sein, dass Sie Ihr eigenes Grundstück oder das, das Sie erwerben wollen, nicht in der durch den Bebauungsplan möglichen

Weise bebauen können, weil eine so genannte Baulast auf dem Grundstück liegt. Das heißt, dass einer der früheren Eigentümer des Grundstücks dem Nachbarn zum Beispiel gestattet hat, mit seinem Bauvorhaben weiter an die Grundstücksgrenze zu gehen, als eigentlich erlaubt. Hierfür hat der frühere Eigentümer evtl. eine Ausgleichszahlung erhalten. Er musste im Gegenzug aber die von der Kommune geforderte Abstandsfläche zwischen beiden Häusern komplett auf seinem Grundstück unterbringen. Damit liegt eine so genannte Baulast auf dem Grundstück. Das bedeutet für Sie, dass Sie nicht mehr völlig frei gemäß Bebauungsplan über das Grundstück verfügen können. Achten Sie daher darauf, dass Sie vor dem Kauf eines Grundstücks alle diesbezüglichen kommunalen Register und Archive einsehen, also das Baulastenverzeichnis und das Grundbuch.

**Sehen Sie auch die kommunalen Register und Archive ein**

Informieren Sie sich in diesem Zusammenhang unbedingt auch über den vorhandenen Baumbestand auf dem Grundstück und in welcher Weise dieser geschützt ist. Nicht immer darf ein Baum gefällt werden, nur weil er einem Bauvorhaben im Wege steht.

**Grundstückssuche und Fertighaussuche verbinden**

Wenn Sie noch kein Grundstück besitzen, dann können Sie Ihre Grundstückssuche auch mit der Suche nach einem geeigneten Fertighaustyp verbinden und versuchen, beides zusammenzubringen. Dies wird jedoch mitunter nur schwer umzusetzen sein. Da schön gelegene und bezahlbare Grundstücke schwerer zu finden sind als Fertighaustypen, die Ihnen gefallen, werden Sie in der Regel der Haussuche eine nachgeordnete Stellung einräumen müssen und mit der Suche nach dem Grundstück beginnen.

Es gibt in Deutschland auch Siedlungsgebiete, für die es keinen Bebauungsplan gibt. Hier findet dann allerdings fast immer § 34 BauGB (Baugesetzbuch) Anwendung. Er umschreibt die „Zulässigkeit von Vorhaben innerhalb der im Zusammenhang bebauten Ortsteile", kurz, er kommt überall dort zum Tragen, wo in zur Bebauung zugelassenen Gebieten, zum Beispiel am Rande einer kleinen Gemeinde oder im Zentrum einer Großstadt oder auch in historischen Ensembles von Dörfern etc., gebaut wird, und wo aus irgendwelchen Gründen kein Bebauungsplan existiert, zum Beispiel weil dies zum Zeitpunkt der Erschließung noch nicht üblich war.

**§ 34 Baugesetzbuch**

In § 34 BauGB heißt es wörtlich: „Innerhalb der im Zusammenhang bebauten Ortsteile ist ein Vorhaben zulässig, wenn es sich nach Art und Maß der baulichen Nutzung, der Bauweise und der Grundstücksfläche, die überbaut werden soll, in die Eigenart der näheren Umgebung einfügt und die Erschließung gesichert ist."

Nun ist ein Fertighaus nicht ohne weiteres seiner Umgebung anpassbar, es sei denn, man findet von vornherein einen Fertighaustyp, der sich in die spezielle Umgebung hinsichtlich der Baukörper-Proportionen, der Gliederung und Gestaltung insgesamt einfügt.

**Welche Baukörpertypen dürfen errichtet werden?**

Wichtig ist also, dass Sie sich die für Ihr Grundstück geltenden Rahmenbedingungen klar machen und wissen, welche Baukörpertypen Sie darauf errichten können und welche nicht. Dies erspart Ihnen von vornherein die Beschäftigung mit Häusern, die auf Ihrem Grundstück schlicht nicht realisierbar sind.

## Die bautechnischen Bebauungsmöglichkeiten des Grundstücks

Neben den rechtlichen Vorgaben einer Grundstücksbebauung gibt es auch technische bzw. natürliche Bedingungen, die ein Grundstück erfüllen muss, damit es überhaupt bebaubar ist. Hierbei spielen insbesondere die geologischen und topographischen Eigenschaften eine Rolle, also die Boden- und Geländebeschaffenheit. So kann beispielsweise ein Grundstück mit äußerst sandigem Untergrund in extremer Hanglage kaum bebaubar sein, möglicherweise schon gar nicht mit dem von Ihnen bevorzugten Haustyp. Je nachdem, ob Sie erst noch ein Grundstück kaufen müssen oder ob Sie bereits im Besitz eines Grundstückes sind, müssen Sie entweder Ihre Kaufentscheidung auch an geologischen und topographischen Kriterien festmachen oder aber Ihr ungeeignetes Grundstück zur Finanzierung eines anderen Grundstücks, das geeignet ist, veräußern.

**Nach der Bodenbeschaffenheit fragen**

Vor einem Grundstückskauf ist es immer sinnvoll, auch einmal bei den Nachbarn nach der Bodenbeschaffenheit auf deren Grundstück nachzufragen. Mit welcher Bodenart hat man es zu tun, wie problematisch waren Aushub und Gründung, was ist mit dem Grundwasserstand? Das ist besonders wichtig, wenn ein Keller geplant ist. Außerdem: Liegt das Grundstück in einem ehemaligen Bergbaugebiet, so dass mit Setzungen oder Ausgasungen zu rechnen ist?

**Unterscheidung der Böden**

Nach der DIN 1054 unterscheidet man zwischen gewachsenem Boden, Fels und geschüttetem Boden. Gewachsene Böden unterteilen sich nochmals in nicht bindige Böden (Kiesböden, Sandböden etc.), bindige Böden (Lehmböden, Tonböden) und organische Böden (Schlammböden, Torfböden). Letztere sind als Baugrund ungeeignet. Felsböden bestehen aus festem Gesteinsuntergrund. Hier ist der Aushub zwar sehr aufwändig und teuer, aber die Gründungsvoraussetzungen sind sehr gut. Geschütteter Boden schließlich ist künstlich aufgeschütteter Boden (zum Beispiel durch das Aufschütten von Geländevertiefungen oder Gruben). Er ist nur bedingt als Baugrund geeignet.

**Bodengutachten erstellen lassen**

Falls Sie sich nicht sicher sind, ob ein Boden sich als Baugrund eignet, sollten Sie in jedem Falle ein Bodengutachten erstellen lassen. Dies kostet in der Regel zwischen 800 Euro und 1.500 Euro, gibt Ihnen aber Sicherheit, mit welchem Untergrund Sie es zu tun haben und welche Probleme Sie erwarten. Hinsichtlich des durchschnittlichen und auch des bislang höchsten gemessenen Grundwasserstandes können Sie sich auch an die zuständigen Wasserwirtschaftsämter wenden.

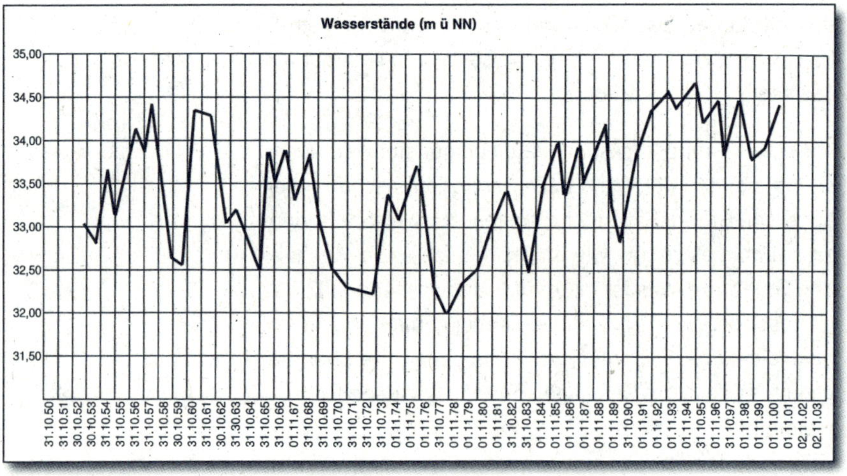


**Der Wasserstand schwankt im Jahresverlauf**

Bezüglich der Topographie eines Grundstückes sollten Sie bedenken, dass die Bebauung eines Hanggrundstückes zwar sehr attraktiv sein kann, dass aber nur sehr wenige Fertighausanbieter spezielle Typen hierfür anbieten. Viele Hersteller benötigen zum Aufstellen des Fertighauses eine ebene Bodenplatte, die bei einem Hanggrundstück zum Beispiel durch einen zusätzlichen Kellerbau erstellt werden kann, aber nicht jeder Anbieter bietet auch einen Keller an. Hinzu kommt, dass das Bauen am Hang rein baustellentechnisch und baukonstruktiv teurer ist als das Bauen in der Ebene. In Extremfällen besteht sogar die

Gefahr eines Hangabrutsches, soweit man es nicht mit felsigem Untergrund zu tun hat. Sofern Spezialverankerungen der Fundamente notwendig werden, kann das Bauen am Hang sehr teuer werden.

## Der Grundstückskauf

Falls Sie noch nicht im Besitz eines Grundstücks sind, sondern ein Grundstück kaufen wollen, sollten Sie neben den weiter oben aufgeführten geologischen und topographischen Kriterien auch auf die im Folgenden genannten Aspekte achten.

**Altlasten**

Sie müssen in jedem Fall sicherstellen, dass auf Ihrem zukünftigen Grundstück keine Altlasten vorhanden sind. Da in letzter Zeit immer häufiger ehemalige Kasernenanlagen oder Fabrikgelände in Bauland umgewandelt werden, sollten Sie sich dies in jedem Falle von der verkaufenden Person bzw. Institution schriftlich zusichern und die Altlastenfreiheit des Grundstücks in den Kaufvertrag aufnehmen lassen.

Schriftliche Zusicherung im Kaufvertrag

Altlasten auf dem Grundstück?

### Auflassungsvormerkung im Grundbuch

Die Auflassungsvormerkung sichert den Besitzanspruch

Lassen Sie sich unbedingt über die so genannte Auflassungsvormerkung ins Grundbuch eintragen. Vom Zeitpunkt Ihres Erwerbs des Grundstücks bis zur Eintragung des Besitzerwechsels im Grundbuch kann es Wochen, mitunter Monate dauern. In dieser Zeit könnte das Grundstück theoretisch ein weiteres Mal verkauft werden, da nach wie vor nur der ursprüngliche Besitzer im Grundbuch eingetragen ist. Dies können Sie durch die Eintragung einer Auflassungsvormerkung im Grundbuch verhindern. Diese kann binnen weniger Tage eingetragen werden. Alle Verfügungen des Verkäufers, die das Recht des Käufers beeinträchtigen würden, sind nach der Eintragung der Auflassungsvormerkung unwirksam.

### Freistellungserklärungen von Grundrechteinhabern

Sofern für das von Ihnen bevorzugte Grundstück irgendwelche Grundrechteinhaber existieren, sollten diese eine notarielle Freistellungserklärung abgeben, bevor Sie das Grundstück kaufen.

### Verzichtserklärungen von Vorkaufsberechtigten

Vorkaufsberechtigte müssen verzichten

Falls es Vorkaufsberechtigte für das von Ihnen gewünschte Grundstück gibt, müssen diese auf dieses Vorkaufsrecht verzichten, und zwar schriftlich und notariell beglaubigt.

### Teilungsgenehmigungen bei Mehrfachbebauungen

Insofern Sie überlegen, ein Grundstück zum Beispiel mit einem Doppelhaus zu bebauen, sollten Sie unbedingt sicherstellen, dass Sie auch eine Teilungsgenehmigung des Grundstücks für eine Doppelhausbebauung erhalten können.

### Baulasten

Stellen Sie sicher, dass auf Ihrem Wunschgrundstück keine Baulasten liegen. An solche Ihr zukünftiges Grundstück betreffende Einschränkungen sind Sie nämlich ebenfalls gebunden.

**Baugrunduntersuchung**

Die Baugrunduntersuchung schafft Klarheit

Fragen Sie den Verkäufer des Grundstücks nach Unterlagen zur Baugrunduntersuchung. Falls diese nicht vorhanden sind, Sie aber unmittelbar vor der Entscheidung für den Kauf des Grundstücks stehen, können Sie entweder einen Kaufvertrag vorbehaltlich der Baugrunduntersuchung aufsetzen oder aber das Ergebnis noch abwarten. Im Zweifelsfall können Sie auch bei Nachbarn anfragen, ob Baugrunduntersuchungen vorgenommen wurden. Die Baugrunduntersuchung dient der Analyse der geophysikalischen Gegebenheiten Ihres Grundstücks, also u.a. der Tragfähigkeit des Untergrundes, der Höhe des Grundwasserstandes etc. Eine eventuell notwendig werdende Grundwasserabsenkung, um den Bau eines Kellers zu ermöglichen, kann durchaus 10.000 Euro bis 15.000 Euro kosten oder unter Umständen gar nicht möglich sein, weil zum Beispiel die Wassermengen zu groß sind, um abgeführt werden zu können. Ein solcher Umstand, der zum Beispiel einen Kellerbau unwirtschaftlich macht, sollte sich auch in einem niedrigeren Kaufpreis für das Grundstück niederschlagen.

**Erschließung des Grundstücks**

Erschließungsgebühren

Überprüfen Sie, inwieweit die kommunalen Erschließungsgebühren für das von Ihnen bevorzugte Grundstück schon abgegolten sind oder noch anfallen. Ob Kanalisationserschließung, Straßenerschließung, Strom- oder Gaserschließung, hier kann noch einiges an Kosten auf Sie zukommen und damit die Gesamtkosten erhöhen.

# Kapitel 2
# Konstruktionsarten im Fertighausbau

**Bauliche Qualität der Konstruktionsarten**

Alle Konstruktionsarten von Fertighäusern sind von Ihrer baulichen Qualität heutzutage auf ähnlichem Niveau. Was Sie über die möglichen Konstruktionsarten wissen müssen, um Ihre Entscheidung treffen zu können, zeigt Ihnen das folgende Kapitel. Zunächst werden die einzelnen Grundtypen genauer erläutert und dann die wesentlichen Bauteile und Konstruktionsdetails miteinander verglichen.

Auf dem Markt der Fertighäuser können Sie zwischen drei Grundtypen wählen:

- dem Holz-Fertighaus,
- dem Massiv-Fertighaus,
- dem Holz- oder Massivhaus als Selbstbau- oder Bausatzhaus.

Von den über 250 Herstellern in Deutschland bieten derzeit ca. 40 Hersteller auch Fertighäuser in Massivbauweise an.

**Fertighaushersteller/ Musterhausausstellungen**

Adressen von Fertighausherstellern und Musterhausausstellungen finden Sie im Internet:

- www.bdf-ev.de (Bundesverband Deutscher Fertigbau)
- www.dfv.com (Deutscher Fertighausverband)
- www.guete-gemeinschaft.de (Gütegemeinschaft Deutscher Fertigbau)
- www.musterhaus-online.de
- www.zmh.com

Angebote von Fertighausherstellern können Sie auch schriftlich per Post anfordern. Wählen Sie dabei nur die Unternehmen aus, die Häuser an Ihr Grundstück liefern.

## Holz-Fertighäuser

Holz-Fertighäuser werden in der Regel schlüsselfertig oder in verschiedenen Ausbaustufen ab Oberkante Bodenplatte angeboten. Das bedeutet, dass ein Keller oder die Bodenplatte, auf die das Haus gestellt wird, häufig nicht im Leistungsumfang enthalten sind. In einem solchen Fall müssen Sie für diese Leistungen separate Verträge mit Bauunternehmen oder Kellerbaufirmen schließen. In Kapitel 6 finden Sie daher ausführliche Informationen zum Thema Kellerbau.

In der Regel schlüsselfertig

Beim Holz-Fertigbau gibt es vorrangig drei Bauweisen bzw. Konstruktionsarten, die sich vor allem in der Art und Weise unterscheiden, wie der Baustoff Holz als Tragelement eingesetzt wird:

Vorrangig drei Bauweisen

- die Tafel- oder Rahmenbauweise,
- die Skelett- oder Holzständerbauweise und
- die Blockbauweise.

### Fertighäuser in Holztafel- oder Holzrahmenbauweise

Bei der Holztafel- oder Holzrahmenbauweise werden einzelne Wandelemente aus einer Kombination aus Holztafeln und einem dazwischen montierten Holzbalkenrahmen hergestellt. Diese Wandelemente werden dann nebeneinander montiert und ergeben so Wände beliebiger Länge. In der Höhe werden sie jeweils geschossweise übereinander montiert, wobei die eingesetzte Zwischendecke aus einer Balkenlage zugleich immer auch die Arbeitsplattform für das Stellen der jeweiligen Geschosswände ist. Die Holztafel- oder -rahmenbauweise ist mit

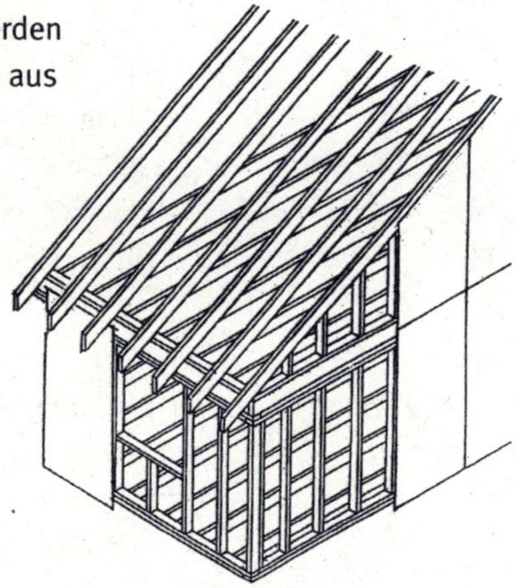

**Die geläufigste Konstruktionsart**

Abstand die geläufigste Konstruktionsart im modernen Holzbau von Ein- oder Mehrfamilienhäusern, da sie von der Produktionstechnik und -zeit die einfachste und günstigste ist.

### Fertighäuser in Holzskelettbauweise

Bei der Skelett- bzw. Holzständerbauweise werden Holzbalken in waagerechter und senkrechter Stellung zu einem Traggerüst verschraubt, im Sinne eines Stützen- und Balkensystems, in das später Wandausfachungen und Bodeneinsätze montiert werden.

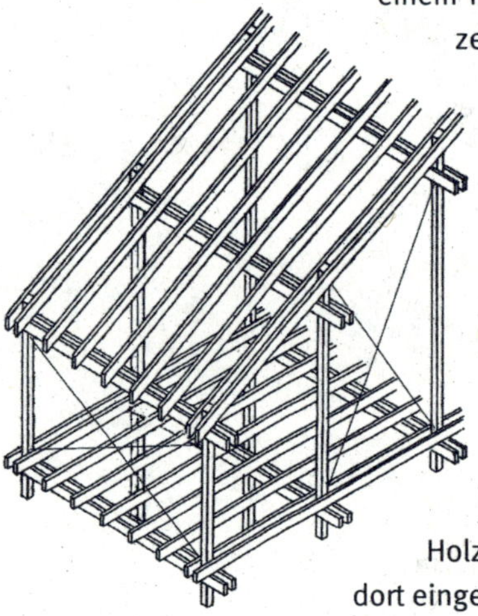

Die Skelettbauweise wird dementsprechend vorwiegend dort eingesetzt, wo es um eine hohe Variabilität des Wandausbaus geht, beispielsweise bei halb geöffneten Gebäudetypen, wie Lagerhallen oder auch ganz geöffneten Gebäudetypen, wie zum Beispiel reinen Parkierungsüberdachungen.

Holzskelettbauweisen werden aber auch überall dort eingesetzt, wo zur späteren Ausfachung keine selbsttragenden Bauelemente zur Ausführung kommen. Ähnlich wie bei einem klassischen Dachstuhl ist die Skelettkonstruktion in sich tragfähig und biegesteif, so dass die Ausbauelemente keine Tragwirkung mehr erbringen müssen. So kann beispielsweise Glas in einem Holzskelettbau großflächig als Ausfachung eingesetzt werden.

### Fertighäuser in Holzblockbauweise

Bei der Blockbauweise werden die Wände eines Hauses aus liegenden und an den Ecken ineinander verfachten

Balken oder auch Stämmen errichtet. Diese Bauweise ist insbesondere bei historischen Holzbauten, zum Beispiel in den Alpen, aber auch in Skandinavien und Nordamerika angewandt worden. Bis heute gehalten hat sich diese Bauweise für kleine Geräte- oder Schutzhütten. Sie findet aber auch im heutigen modernen Holzbau ihre Anhänger. Die Außenwände von Blockhäusern bestehen aus speziell geformten massiven oder geleimten Rundblockbohlen oder Vierkantblockbohlen, zwischen denen sich zusätzliche Dichtungsbänder befinden. Die Blockwände werden mit zusätzlichen Gewindestangen verspannt. Sie können entweder einschalig ausgeführt sein, oder innenliegend eine zusätzliche Dämmung zwischen einer Ständerwand haben. Manche Hersteller verwenden Kiefernholz aus nordischen Ländern, da dieses aufgrund des raueren Klimas langsamer wächst als heimisches Holz. Es ist dadurch wetterbeständiger und härter und verzieht sich weniger.

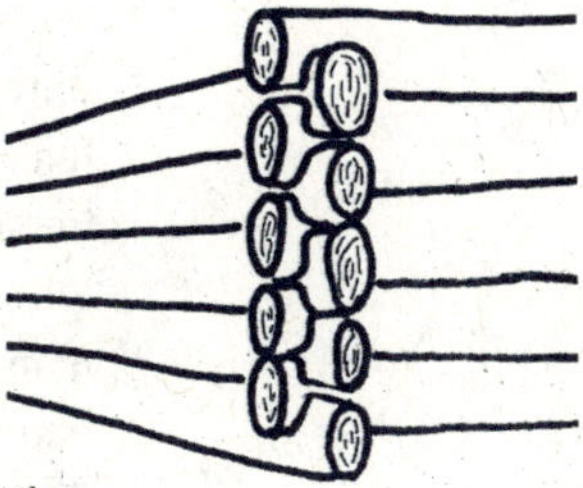



## Massiv-Fertighäuser

Das Massiv-Fertighaus ist eine Alternative zum klassischen Holz-Fertighaus. Unter der Massiv- bzw. Steinbauweise versteht man normalerweise die Stein-auf-Stein-Baumethode, zum Beispiel mit Hochlochziegeln oder Porenbetonsteinen oder Kalksandstein etc. Die Zwischendecken bestehen bei diesen Haustypen meist aus Fertigteil-Betonplatten, die mit einem Aufbeton vor Ort vergossen werden.

**Alternative zum klassischen Holz-Fertighaus**

Verbreitet ist inzwischen auch die Plattenbauweise. Hierbei werden große Wandelemente, zum Beispiel aus Porenbeton, vorgefertigt an die Baustelle gebracht und dort direkt montiert. Die Zwischendecken werden hierbei ähnlich gebaut wie bei den Stein-auf-Stein-Häusern.

**Verbreitet: die Plattenbauweise**

Massiv-Fertighäuser werden sowohl von regionalen Bauunternehmungen angeboten, wie auch von überregionalen Firmen. Zwischenzeitlich sind sogar einige Baustoffhersteller in diesen Markt eingestiegen. Beim schlüsselfertigen Massivhaus scheint der Zwang aufgehoben, dass man auf dem eigenen Grundstück entweder ein Fertighaus aus Holz schlüsselfertig errichten konnte oder aber dort mit dem Architekten ein Massivhaus baute. Mit dem Modell des Massiv-Fertighauses kann man auf dem eigenen Grundstück ein Massivhaus schlüsselfertig errichten, ohne einen Architekten einschalten zu müssen.

## Bausatzhäuser

**Wenn Sie Ihr Haus selber bauen möchten**

Das Bausatz- oder Selbstbauhaus ist ein Haustyp, den Sie im Grunde selber errichten. Sie erhalten bei diesem Haustyp alle Materialien in regelmäßigen Abständen auf die Baustelle geliefert und errichten dann Stück für Stück Ihr Haus selber. Bei guten Bausatzhauslieferanten steht Ihnen ein regionaler Bauleiter zur Verfügung, der regelmäßig oder bei Bedarf Ihre Baustelle aufsucht und Sie mit allen Handgriffen vertraut macht. Er begleitet Sie durch alle Bauphasen, bis Ihr Haus steht.

In der Regel sind Bausatzhäuser Massivhäuser, deren Steinverbund aber nicht zwingend vermörtelt wird. Es gibt auch die verschiedensten Stecksysteme, bei denen die einzelnen Steine und Steinlagen ineinander gesteckt werden, nicht unähnlich Kinderbausteinen.

Nur für kritische Gewerke, wie bestimmte Betonarbeiten oder die Elektroausstattung, benötigen Sie fachliche Hilfe.

**Fachliche Hilfe für die kritischen Gewerke**

Sie können durch Bausatz- bzw. Selbstbauhäuser zwar sehr viel Geld sparen (Personalkosten machen längst einen größeren Posten aus als die Materialkosten am

Bau), andererseits ist die Errichtung eines solchen Hauses nicht immer ganz so einfach, wie in den Prospekten beschrieben. Für Bausatz- bzw. Selbstbauhäuser sollten Sie sich nur dann entscheiden, wenn Sie handwerklich begabt sind und wenn Sie genügend freie Zeit haben, um eine Baustelle einigermaßen zügig voranzubringen. Es kann sehr ermüdend sein, wenn man jeden Feierabend, jedes Wochenende und jeden Ferientag auf dem Bau zubringen muss, bei Wind und Wetter, um den eigenen Hausbau voranzubringen. Auch das Einbinden von Verwandten oder Bekannten will bei einer solchen mehrmonatigen Maßnahme gut überlegt sein.



Gerade bei diesem Haustyp ist es ratsam, die Hersteller um Kunden-Referenzadressen zu bitten und mit Leuten zu sprechen, die einen solchen Hausbau hinter sich gebracht haben. Rufen Sie dort aber nicht nur an, sondern fahren Sie vorbei und sehen Sie sich das Haus an. Hier wird man Ihnen viele Dinge berichten können, die aus Prospekten so nicht ersichtlich sind. Vielleicht verlegen Sie ein solches Gespräch auf einen Freitagabend, nehmen eine gute Flasche Wein mit und lassen sich Zeit, um in Ruhe nach den Erfahrungen mit einem Bausatz- bzw. Selbstbauhaus zu fragen.

**Bitten Sie den Hersteller um Kunden-Referenzadressen**

## Wichtige Bauteile und Konstruktionsdetails

Egal mit welchem Anbieter und in welcher Weise Sie bauen, genauso wichtig wie der Hauptbaustoff sind vor allem auch zahlreiche Bauteile und Konstruktionsdetails. In der nachfolgenden Liste finden Sie einige der wichtigsten Bauteile und was Sie hierbei beachten sollten.

**Liste der wichtigsten Bauteile**

### Gründung und Keller

Die Gründung eines Hauses wie auch der Keller insgesamt werden von vielen Fertighausanbietern nicht mit angeboten. Darum müssen Sie sich oft selber kümmern. Nur beim Bauen mit dem Fertigmassivhausanbieter wird man Ihnen diese Leistung häufig mit anbieten, denn sie ist eine klassische Rohbauleistung. Aushub, Gründung und Keller werden – wie bereits erwähnt – in Kapitel 6 des vorliegenden Buches separat behandelt, denn sie sind neben dem Grundstückskauf und dem eigentlichen Hausbau der größte Einzel-Etat, der auf Sie zukommt. Es kann auch sein, dass Ihnen der Hersteller zwar einen Keller anbietet, dieser Ihnen aber zu teuer ist und Sie einen separaten Kelleranbieter oder Rohbauunternehmer zur Errichtung des Kellers wählen.

**Außenwandaufbau**

Der Außenwandaufbau ist je nach Konstruktionsart sehr unterschiedlich: So führt das Konstruktionsmaterial von Holz-Fertighäusern und Massiv-Fertighäusern zum Beispiel zu unterschiedlichen Wanddicken, um die erforderlichen Dämmwerte zu erreichen. Hier sind Holzkonstruktionen im Vorteil, da die Dämmung zwischen der Tragkonstruktion Platz findet und der Wandquerschnitt dünner ist. Bei Häusern in Massivbauweise sitzt die Dämmung häufig in Form eines Wärmedämmverbundsystems vor der Fassade. Der Außenwandaufbau und die damit erzielte Dämmung Ihres Hauses wird sich direkt in Ihren Heizkosten niederschlagen. Sie sollten sich also intensiv mit dieser Thematik auseinander setzen. Um vergleichen zu können, benötigen Sie von den einzelnen Anbietern Angaben zum Wandaufbau und zu den verwendeten Materialien, also beispielsweise welche Dämmung mit welchen Materialeigenschaften verwendet wird, wie dick diese ist und welchen Wärmedurchgangskoeffizienten (U-Wert) die Außenwand hat.

**Wichtig: die Dämmung**

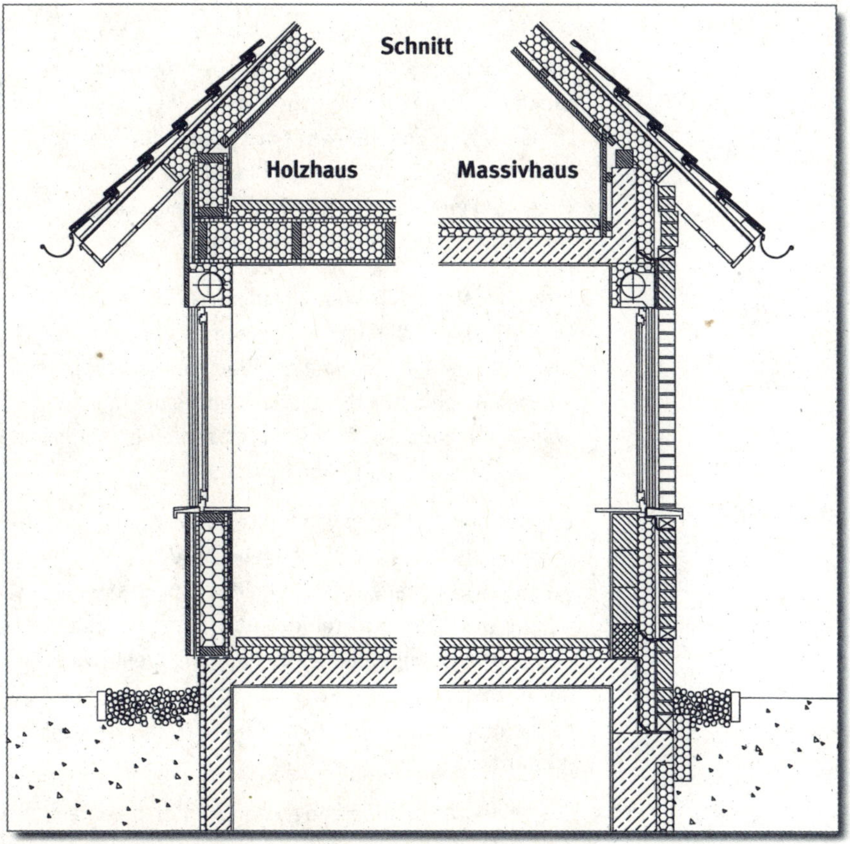


**Was ist der Wärmedurchgangskoeffizient?**
Um die Wärme in einem Körper zu halten, muss sein beheiztes Volumen gegen die unbeheizte Umgebung möglichst optimal gedämmt werden. Dies gilt für eine Thermoskanne genauso wie für ein Gebäude.

Der Wärmedurchgangskoeffizient, der so genannte U-Wert, heißt vollständig Umkehr-Wert. Er gibt den Wärmedurchgang durch ein Bauteil an, den so ge-

## Glossar

# Glossar

nannten Wärmedurchgangskoeffizienten, das heißt wie viel Wärme unter bestimmten Bedingungen durch ein Bauteil gelangt. Er ist der Umkehr-Wert (früher k-Wert von Kehrwert) des Wärmedurchlasswiderstandes. Der Wärmedurchlasswiderstand wiederum gibt an, wie viel Widerstand ein Bauteil dem Wärmedurchgang entgegensetzt.

**Wie setzt sich der U-Wert zusammen?**
Der U-Wert wird berechnet, indem man die Zahl 1 dividiert durch die Summe der Wärmeleitfähigkeit der einzelnen Schichten des Bauteils sowie der beiden Wärmeübergangskoeffizienten „$\alpha$" zu beiden Seiten des Bauteils $\alpha_i$ (Innen) und $\alpha_a$ (Außen).

Die Wärmeleitfähigkeit von Bauteilen wird mit dem Begriff Klein lambda „$\lambda$" angegeben. Sie besagt, welche Wärmemenge „Q" (Einheit Ws) pro Sekunde (s) und pro Quadratmeter ($m^2$) durch eine ein Meter dicke Schicht (m) eines Stoffes hindurchgeht, wenn der Wärmeunterschied zwischen beiden Temperaturflächen, also Innenfläche und Außenfläche, 1 Kelvin (K) beträgt.

Die beiden Wärmeübergangskoeffizienten $\alpha_i$ (Innen) und $\alpha_a$ (Außen) beschreiben den Wärmeübergang vom beheizten Innenraum in das Außenbauteil und vom Außenbauteil in den kühlen Außenraum. Sie sind festgelegte Konstante.

**Wichtig: kleiner U-Wert**

Sie brauchen sich diese komplizierten Berechnungsmethoden aber nicht zu merken. Es reicht, wenn Sie sich für den U-Wert Richtwerte einprägen. Ein guter U-Wert zum Beispiel für eine Außenwand liegt bei 0,28 bis 0,25, ein sehr guter bei 0,2 bis 0,1. Je kleiner also der U-Wert ist, desto besser.

### Zwischendecken

Holz oder Beton

Bei den Zwischendecken lässt sich im Schwerpunkt zwischen Holz- und Betonzwischendecken unterscheiden. Während Betonzwischendecken mit einem aufgebrachten, so genannten schwimmenden Estrich unter dem Fußbodenoberbelag sehr gute Schallschutzwerte gewährleisten können, ist die Thematik Schallschutz bei Holzdecken bis heute nicht problemfrei gelöst. Zwar gibt es mittlerweile sogar aufwändige, sandgefüllte Holzkassettendecken, um den Schallschutz zu verbessern, doch der Holzbau leidet generell unter einem schlechteren Schallschutz als der Massivbau.

Bei Kellerabschlussdecken ist es sehr wichtig, auch den U-Wert dieser Decke zu erfahren.

### Zwischenwände

Schallschutz

Zwischenwände, die als nichttragende Wände ausgebildet sind, sind häufig nur 11 bis 12 cm dick. Der Schallschutz solcher Wände ist entsprechend gering. Interessanterweise haben Massivbauwände dieser Stärke gegenüber Leichtbauwänden einen schlechteren Schallschutz, wenn die Leichtbauwände aus einem Ständerwerk mit darauf montierten biegeweichen Gipskarton-Schalen bestehen und die Zwischenräume möglicherweise sogar noch sandgefüllt sind. Sandgefüllte Wände haben aber ein hohes Gewicht und sind auf dem Markt nur sehr selten zu finden. Weichfaserfüllungen hingegen oft.

### Treppen

Treppen werden in der Regel entweder aus Holz, aus Metall oder als Betonfertigteil angeboten. Wichtig bei diesem Bauelement ist, dass es an seinen Auflagern auf dem Rohboden der Geschossdecken schalldämmend gelagert ist. Treppen dürfen auch nicht fest mit parallellaufenden Wänden verbunden sein. Hier muss unbedingt eine schalltechnische Trennung vorgesehen sein.

### Dach

Der Aufbau

In der Regel besteht das Dach aus einem Holzdachstuhl mit einer Außendeckung und einer Innenverkleidung. Von innen nach außen ergibt sich häufig folgender Aufbau: Gipskartonplatten, Dampfsperre, Wärmedämmung, Luftraum, Unterspannbahn, Konterlattung, Lattung, Dachziegel.

Wichtig ist es, die einzelnen zum Verbau kommenden Elemente genau zu erfahren, also zum Beispiel welches Holz mit welchem Feuchtegehalt verbaut wird, welche Gipskartonplatten verbaut werden, welche Wärmedämmung gewählt wird, welche Dampfsperre gewählt wird, welche Dachpappe und welcher Dachziegel eingesetzt werden, damit offengelegt wird, ob Qualitätsprodukte verbaut werden oder einfachste Produkte.

Und wichtig ist natürlich auch hier, dass Sie erfahren, welchen U-Wert der zum Einsatz kommende Dachaufbau insgesamt hat.

### Kamin

Kaminzug nur gegen Aufpreis

Soweit die Heizanlage im Keller stehen wird, benötigen Sie zur Abgasführung einen Kamin. Bei vielen Anbietern sitzt die Heizzentrale heutzutage allerdings direkt unter dem Dach, so dass kein Kamin nötig ist. Trotzdem wird auch für diese Häuser mitunter ein Kaminzug angeboten, damit man bei Bedarf zum Beispiel im Wohnzimmer einen Kachelofen oder einen offenen Kamin einbauen kann. Der Kaminzug ist dann in der Regel nur gegen Aufpreis zu haben. Die Integration eines Kaminzuges in einen Fertigbau ist mit zusätzlichem Aufwand verbunden und Sie sollten daher gut überlegen, ob Sie einen solchen wirklich benötigen oder das Geld lieber an anderer Stelle investieren.

Es ist allerdings so, dass ein Kaminzug nur sehr aufwändig nachträglich in ein bereits fertig gestelltes Haus eingebaut werden kann, während Sie zum Beispiel einen Balkon immer relativ einfach vor ein bestehendes Haus setzen können.

**Fenster**

Bei den Fenstern gibt es die unterschiedlichsten Varianten: Kunststoff-, Holz- oder Metallfensterrahmen, zweifach- oder dreifachverglast als Isolier- oder Wärmeschutzverglasung. Wichtig ist für Sie zu wissen, dass Holzfenster eher pflegeintensiv sind, auch wenn sie sehr schön aussehen. Kunststofffenster hingegen sind zwar einfach zu pflegen, sehen aber nicht so schön aus und sind oft auch nicht so stabil wie Holzfenster. Auch Metallfenster kommen manchmal zum Einsatz. Dies allerdings meist nur im Kellerbereich.

Auf dem Markt sind aber auch Materialkombinationen erhältlich, also Fenstersysteme, die zum Beispiel außen aus Metall sind und innen aus Holz. Auch dies kann eine Alternative sein. Wichtig ist, immer auf einen kleinen U-Wert des Gesamtelements (Verglasung und Rahmen) zu achten. Außerdem sollten Rahmen stabil und die Beschläge und Schließmechanismen robust sein. Dies ist umso wichtiger, je größer die Fensterelemente und damit deren Gewicht ist.

**Türen**

Wichtig: die robuste Ausführung

Bei den Türen ist zu unterscheiden zwischen Außentüren und Innentüren. Außentüren können zum Beispiel die Haustür, ein Kellerausgang oder eine Balkon-/Terrassentür sein. Letztere ist wie ein Fenster zu betrachten und daher gemäß den Ausführungen zum Fensterbau zu sehen. Hauseingangstüren können ebenfalls aus Kunststoff, Holz oder auch Metall sein, häufig auch aus einer Kombination dieser Materialien mit Glasflächen. Wichtig bei einer Haustür ist eine robuste Ausführung mit stabilen Beschlägen und einer guten Schließanlage. Auch sollte eine Haustür an mindestens drei Stellen über stabile Bänder aufgehängt sein. Wichtig ist ferner, dass die Tür mehrere Falze und einen Wetterschenkel hat. Da eine eventuelle Kelleraußentür die gleichen Bedingungen erfüllen muss wie eine Haustür, sollte sie in der Art der Ausführung identisch sein. Und auch hier gilt: Der U-Wert der Tür sollte möglichst klein sein.

Kleiner U-Wert für die Tür

Innentüren werden in vielen verschiedenen Holzarten und Stilrichtungen geliefert. Das Innenleben der Türblätter besteht meist aus Aushöhlungen in Form von Röhren (Röhrenspantür) oder Waben (Wabentür), um Material und Gewicht zu sparen. Für die Türblattoberfläche wird in der Regel ein Furnier verwendet, häufig auch ein einfacher Kunststoffüberzug.

**Terrassen und Balkone**

Meist nicht im Kaufpreis enthalten

Sofern Terrassen keine kellerüberdeckenden Bauteile eines Fertighaustyps sind, sind sie meist nicht im Kaufpreis enthalten. Dann müssen Sie nach der Errichtung des Hauses selber für die Erdaufschüttung und Anlegung einer Terrasse sorgen.

Sofern Terrassen im Hausangebot enthalten sind, ist es wichtig, dass sie an keiner Stelle Wärmebrücken zum Hauskorpus bilden. Dies kann dann passieren, wenn die Terrassen-Bodenplatte zum Beispiel direkt in die Kellerabschlussdecke übergeht ohne wärmetechnische Trennung. Falls die Terrasse gleichzeitig eine den Kellerraum überdeckende Abschlussdecke bildet, ist sorgfältig darauf zu achten, dass diese Decke gut wärmegedämmt und absolut wasserdicht mit guten Wasserabführungen ausgebildet ist. Gleiches gilt für das Angebot etwaiger Dachbalkone.

Bei den übrigen Systemen gibt es in der Regel entweder angehängte oder vorgestellte Balkone. Bei angehängten Balkonen ist ebenfalls darauf zu achten, dass sie wärmetechnisch von den übrigen Hauszwischendecken abgekoppelt sind. Die vorgestellten Balkone bieten den Vorteil, dass sie sozusagen auf „ihren eigenen Füßen stehen", nämlich auf einem Holz-, Stahl- oder Betongerüst, und damit keinen direkten Kontakt zum Hauskorpus haben, jedoch eigene Fundamente benötigen.

**Der Vorteil vorgestellter Balkone**

**Rohmontage der Wandelemente**

**Innendämmung**

**Fenstereinbau**

Maschineller Außenputz

Fertige Wandelemente

Fertige Dachelemente

Giebelelemente

# Kapitel 3
# Welches Fertighaus für wen?
# Die zielorientierte Suche

## Holz oder Stein?

**Keine freie Wahl der Baumaterialien**

Im Gegensatz zum Bauen mit dem Architekten können Sie beim Bauen mit dem Holz-Fertighaus- oder Massiv-Fertighausanbieter die zur Verwendung kommenden Baumaterialien nicht frei wählen. Sie sind hier in der Regel an die Vorgaben des jeweiligen Hausanbieters gebunden. Es kommt nicht selten vor, dass man bei einem bestimmten Hersteller genau den Haustyp findet, dessen Grundriss und Geschossaufteilung man für ideal hält, dessen Hauptbaustoff (Holz oder Stein) man allerdings nicht bevorzugt. So könnte es sein, dass Sie den von der Innenaufteilung her idealen Haustyp nur in Holztafelbauweise mit vorgesetzter Verklinkerung, aber nicht in Massivbauweise mit einfachem Außenputz erhalten oder umgekehrt.

**Grundsätzliche Konstruktionsmerkmale stehen fest**

Diese grundsätzlichen Konstruktionsmerkmale können Sie als Kunde kaum beeinflussen. Mitunter haben Sie zwar die Möglichkeit, gegen Aufpreis einen anderen Wandaufbau zu wählen (zum Beispiel Klinker statt Außenputz) und auch bei der Steinart an sich kann es Wahlmöglichkeiten geben, hat sich aber ein Hersteller auf einen hohen Vorfertigungsgrad durch Plattenbauweise spezialisiert, wird er Ihr Haus nicht in Stein-auf-Stein-Bauweise anbieten.

Die Beschäftigung mit den zur Verwendung kommenden Baumaterialien und Konstruktionsweisen wird Sie bei Ihrer Haussuche mithin die meiste Zeit kosten, soweit Sie sich in der notwendigen Tiefe hiermit befassen. Wichtig für Sie als Käufer sind also nicht die schönen Fassaden auf Fertighausausstellungen, sondern das, was sich dahinter verbirgt.

Beim Holz-Fertighaus- und Massiv-Fertighausbau in Deutschland kann man in der Regel von zwei bis drei Varianten ausgehen, die angeboten werden. Im Fertighausbau findet vor allem die Holztafelbauweise Anwendung, im Fertigmassivhausbau die Stein- bzw. Plattenbauweise.

**Langlebigkeit und Qualität**

Bei der Auseinandersetzung mit den Hauptbaustoffen sollten Sie Ihr Augenmerk auf die Langlebigkeit und Qualität sowie die Nachhaltigkeit richten.

**Emotionale Gründe spielen eine Rolle**

Beide Baustoffe, Stein und Holz, haben ihre Vor- und Nachteile, es lässt sich aber nicht sagen, dass die eine Bauweise der anderen überlegen ist. Es ist jedoch so, dass oft auch emotionale Gründe bei der Entscheidungsfindung eine Rolle spielen. So ist zum Beispiel die Holzbauweise in den skandinavischen Ländern und in Nordamerika eine der klassischen Bauweisen, die auch kulturell tief verwurzelt ist. Dies ist zum Beispiel in Mitteleuropa völlig anders. Hier konnte sich der Holzbau nie wirklich flächendeckend durchsetzen. Aus diesem Grund ist die klassische Massivbauweise in Deutschland auch wesentlich verbreiteter als die Holzbauweise.

**Spezielle Holzsiegel**

Während viele Menschen mit der Massivbauweise sofort etwas verbinden, also das solide Haus, Stein auf Stein gebaut, sieht dies bei der Holzbauweise anders aus: Nur wenige kennen die Vorteile der Holzbauweise. So bietet beispielsweise der Baustoff Holz hervorragende Dämmwerte, darüber hinaus ist er ein nachwachsender Rohstoff und führt in einer nachhaltig betriebenen Forstwirtschaft, wie sie zum Beispiel in Deutschland seit über 200 Jahren betrieben wird, keinesfalls zu Kahlschlag, sondern unterstützt eine gesunde Waldwirtschaft. Auch international ändert sich seit der Einführung spezieller Holzsiegel, wie vor allem des FSC-Siegels, langsam etwas (www.fsc-deutschland.de). Trotzdem fällt es vielen Käufern schwer, sich mit dem Gedanken anzufreunden, ein Haus aus Holz zu erwerben, weil für sie der Inbegriff eines Hauses der

Mauerstein ist. Je länger und je intensiver Sie sich allerdings mit den Baustoffen beschäftigen, umso vorurteilsfreier und differenzierter werden Sie die Dinge sehen.

Da sehr viele Fertighausangebote Angebote in Holzbauweise sind, geht es in Kapitel 4 ausschließlich um den Holzbau und seine Besonderheiten.

## Die persönliche Bedarfsermittlung

**Die Konstruktionsart beeinflusst die Gestaltung**

Wenn Sie für sich grundsätzlich entschieden haben, ob Sie ein Holz-Fertighaus, ein Massiv-Fertighaus oder gar ein Bausatzhaus kaufen möchten, haben Sie damit automatisch die Anzahl der möglichen Anbieter schon eingegrenzt. Die Konstruktionsweise bei Holz-Fertighäusern beeinflusst die äußere Gestaltung des Hauses. Ein Fertighaus in Blockbauweise unterscheidet sich erheblich von einem Fertighaus in Holzskelett-Bauweise.

Durch die Bebauungsmöglichkeiten Ihres Grundstücks können Sie eine weitere Eingrenzung des Angebotes vornehmen. Nicht jeder Fertighaustyp kann in der vorgeschriebenen Dachform oder Dachneigung geliefert werden.

**Befassen Sie sich intensiv mit den Angeboten**

Bei den dann noch in Frage kommenden Herstellern wird Ihnen zwar oft ein komplettes Hausprogramm angeboten, gerade aber deshalb ist es wichtig, dass Sie sich mit den einzelnen Angeboten besonders intensiv befassen. Es stellen sich Ihnen drei wichtige Fragen:

- Welchen Raumbedarf haben Sie?
- Welche Ausbaustufe bevorzugen Sie?
- Welche technische Ausstattung wünschen Sie?

Diese drei Themengebiete bestimmen von der haus- und bautechnischen Seite her wesentlich den Haustyp, der für Sie geeignet ist. Wenn Sie zum Beispiel wissen, welche Anzahl an Räumen in welcher Größe und Zuordnung Sie benötigen, ob Sie ggf. beim Dachgeschossausbau selbst Hand anlegen möchten und ob Sie hinsichtlich der technischen Ausstattung zum Beispiel eine erdgasbetriebene Heizung und Warmwasserbereitung installieren wollen oder aber gerne die Passivhaustechnologie (keine Heizungsanlage, dafür eine Lüftungsanlage mit Wärmerückgewinnung) umsetzen würden, haben Sie bereits wesentliche Punkte für eine gezielte Haustypensuche abgesteckt. Dies wird Ihnen eine Menge Zeit ersparen. Trotzdem sollten Sie aber offen bleiben für noch Unentdecktes, Neues, das Ihnen ganz andere Entscheidungsimpulse geben kann.

**Ermitteln Sie zunächst Ihren persönlichen Bedarf**

Beginnen Sie zunächst damit, Ihren persönlichen Bedarf zu ermitteln. Anhaltspunkt hierfür ist zunächst immer Ihre gegenwärtige Wohnsituation, aus der heraus Sie sich ja verändern wollen. Prüfen Sie diese eingehend und halten Sie fest, was Ihnen dort fehlt oder was Sie gerne anders hätten. Listen Sie konsequent alle Räume auf, die Sie für unentbehrlich halten und gehen Sie dabei zum Beispiel geschossweise vor (» Checkliste, Seite 42).

**Ermittlung der benötigten Quadratmeter**

Bei der Ermittlung der benötigten Quadratmeterzahl der Räume können Sie zum Beispiel ganz einfach mit dem Zollstock Ihre gegenwärtige Wohnung ausmessen und abgleichen, ob diese Raumgrößen für Sie ausreichend sind. Nachdem Sie alle Räume geschossweise aufgelistet haben, können Sie dann die Gesamtquadratmeterzahlen der einzelnen Geschosse ermitteln und sich sowohl hinsichtlich der benötigten Räume, wie auch hinsichtlich der benötigten Quadratmeter einen Bedarfsplan erstellen, mit dem Sie auf die Suche nach geeigneten Fertig- bzw. Fertigmassivhaustypen gehen können.

## Checkliste für die Bedarfsermittlung

| Raum | Größe z.B. 12 m² | Lage z.B. Keller | Orientierung z.B. Nord |
|---|---|---|---|
| Vorratsraum | | | |
| Hobbyraum | | | |
| Werkkeller | | | |
| Fahrradkeller | | | |
| Heizungszentrale | | | |
| Archiv | | | |
| Sauna / Fitness | | | |
| Windfang | | | |
| Diele / Garderobe | | | |
| Abstellraum | | | |
| Gäste-WC | | | |
| Küche | | | |
| Hauswirtschaft | | | |
| Esszimmer | | | |
| Wohnzimmer | | | |
| Arbeitszimmer | | | |
| Gästezimmer | | | |
| Elternbad | | | |
| Kinderbad | | | |
| WC | | | |
| Duschbad | | | |
| Schlafzimmer | | | |
| Ankleide | | | |
| Kinderzimmer 1 | | | |
| Kinderzimmer 2 | | | |
| Kinderzimmer 3 | | | |
| Kinderzimmer 4 | | | |
| Spielzimmer | | | |
| Studio / Lesen | | | |
| Terrasse | | | |
| Balkon / Loggia | | | |
| **Gesamtfläche** | | | |

In diesen Bedarfsplan können Sie auch Überlegungen miteinbeziehen, wie die einzelnen Zimmer zueinander ausgerichtet sein sollten, also zum Beispiel Küche zu Esszimmer oder Wohnzimmer zu Arbeitszimmer oder Schlafzimmer zu Bad etc. Bedenken Sie dabei auch die Frage, ob es wichtig sein könnte, zwei Bäder zu haben, zum Beispiel ein Kinderbad und ein Elternbad oder eine zusätzliche Gästetoilette und Ähnliches.

**Berücksichtigen Sie die unterschiedlichen Lebensphasen**



Nicht vergessen sollten Sie bei der Bedarfsermittlung auch, dass Sie ein Haus in unterschiedlichen Lebensphasen unterschiedlich nutzen werden. Auch wenn Sie älter werden, wollen Sie sicher in Ihrem Haus bleiben, oder wenn Sie einmal – vielleicht nur auf Zeit – auf einen Rollstuhl angewiesen sind, wollen Sie sicher nicht umziehen. Es ist dann wichtig, dass Sie ein barrierefreies Wohnumfeld haben, also zum Beispiel auch mit einem Rollstuhl Bad und WC nutzen können und durch alle Flure und Zimmer kommen. Vielleicht sollte das Haus auch später einmal relativ einfach teilbar sein. Sei es, dass ein Appartement für Kinder oder die Großeltern eingerichtet werden kann, sei es, dass Sie dieses Appartement später selbst nutzen wollen, um den Rest des Hauses einem Ihrer Kinder zu überlassen etc. Je flexibler ein Haus nutzbar ist, desto besser ist es Ihrer jeweiligen Lebenssituation anpassbar.

**Besuchen Sie eine Fertighausausstellung**

Wenn Sie Zeit haben, können Sie auch in diesem frühen Stadium Ihrer Überlegungen schon einmal eine Fertighausausstellung besuchen und sich von dort ausgestellten Typenhäusern inspirieren lassen. Es ist allerdings so, dass in vielen Fertighausausstellungen zum Beispiel der Haustyp des Fertigmassivbaus noch nicht angemessen repräsentiert ist. Sie erhalten auf Fertighausausstellungen daher immer nur einen relativ begrenzten Einblick in das Angebot des gesamten Marktes.

## Die Ausbaustufen und die Ausstattung

Wichtig: identische Ausbaustufen vergleichen

Die überwiegende Zahl der Holz-Fertighaus- und Massiv-Fertighausanbieter bietet für identische Haustypen unterschiedliche Ausbaustufen und Ausstattungen an. Der Ausstattungsgrad zwischen den Anbietern schwankt jedoch sehr stark. So gibt es beispielsweise Häuser mit grundsätzlich ausgebauten Dachgeschossen und solche mit nicht ausgebauten Dachgeschossen, es gibt bezugsfertige Angebote, also Angebote, bei denen bis einschließlich fertig gestrichener Tapezierung alles inbegriffen ist, und es gibt Angebote, bei denen nicht einmal das Verlegen der Fliesen inbegriffen ist. Daher ist es beim Vergleich von Angeboten erforderlich, identische Ausbaustufen zu vergleichen.

Schriftlich festgehalten werden diese in der Baubeschreibung, die Teil des Kaufvertrages ist. Es ist daher überaus wichtig, dass Sie die so genannte Bemusterung, also die Festlegung, welche Hausausstattung Sie wünschen, des von Ihnen bevorzugten Haustyps vor der Unterzeichnung des Kaufvertrages abgeschlossen haben. Normalerweise können Sie die unterschiedlichen Ausbaustufen und Ausstattungsqualitäten in einer Bemusterungsausstellung des Fertighaus-Herstellers sehen und vergleichen.

### Ausbaustufen

Sehr wichtig für die zukünftige Nutzung Ihres Hauses sind die verschiedenen Ausbaustufen, die angeboten werden. Hier geht es insbesondere um Sonderwünsche wie Keller oder ausbaufähiges Dachgeschoss u. Ä. Verzichten Sie beispielsweise auf einen angebotenen Keller oder auf einen – durch einen Kniestock – leicht erhöhten Dachstuhl, ist dies später nicht mehr revidierbar. Durch die Entscheidung für solche Maßnahmen halten Sie sich spätere Nutzungsoptionen offen. Sie steigern darüber hinaus auch den Wiederverkaufswert Ihres Hauses, haben aber natürlich zunächst auch Mehrkosten. Es kann jedoch sinnvoll sein, stattdessen bei einigen Ausstattungsdetails der Oberflächengewerke zu sparen, die später dann durch andere ersetzt werden können, um bei grundlegenden Dingen die richtigen Investitionsentscheidungen treffen zu können.

**Spätere Nutzungsoptionen offenhalten**

Kleinere Zusatzausbauten wie Gauben, Erker oder Balkone sind auch später noch relativ einfach umsetzbar. Hinsichtlich Balkonen kann es aber zum Beispiel günstig sein, bereits von vornherein in bestimmten Räumen Fenstertüren vorzusehen, die direkt bis auf den Boden laufen und bis zur Brüstungshöhe von außen mit einem Schutzgeländer versehen sind. Dann müssen Sie später, bei Montage eines Balkons vor dem Haus, nur die Schutzgeländer der Fenster demontieren, um Durchgänge zum Balkon zu haben. Beim nachträglichen Einbau eines offenen Kamins oder eines Kachelofens wiederum sollte mindestens bereits ein Kaminschacht vorhanden sein.

**Balkon oder Kamin von vornherein vorsehen**



### Ausstattung

Während viele Kunden sich für die Bemusterung der Oberflächengewerke viel Zeit nehmen (zum Beispiel Bodenbeläge oder Sanitärgegenstände), fallen eine ganze Reihe wichtiger hauskonstruktiver Entscheidungen, die später nicht mehr revidierbar sind, fast nebenbei. Hierzu gehören vor allem Überlegungen zum Außenwandaufbau, zur Wärmedämmung, zum Schallschutz (Trittschall und Luftschall), zum Feuchteschutz (unter anderem im Kellerbereich), zur Heizungs-, Wasser- und Elektroinstallation. Dies sind jedoch Entscheidungen, über die Sie gründlich nachdenken sollten.

**Wichtige Entscheidungen**

### Heizungs- und Sanitärtechnik

Sowohl bei der Heizungstechnik als auch bei der Sanitärtechnik geht es im Grunde nur um das Aufheizen und den Transport des Mediums Wasser, einmal zur indirekten Nutzung des Wassers als Wärmespeichermedium, zum Beispiel in Heizkörpern, und einmal zur direkten Nutzung als Warmwasser, zum Beispiel zum Duschen. Die eigentliche Heizanlage, der so genannte Brenner, ist das Gerät, in dem zumeist Erdöl oder Erdgas, immer öfter aber auch pflanzliche Öle (zum Beispiel Rapsöl) oder Holzschnitzel bzw. Holzpellets verbrannt werden, um mit dieser Hitze das Speicher- und Trägermedium (Wasser) zu erwärmen.

**Das „technische Herz“ der Wärmeversorgung**

Interessant für Sie ist neben den peripheren Einrichtungen, wie Rohrleitungen und -materialien, Heizkörperarten und -formen, also insbesondere das „technische Herz“ Ihrer Wärmeversorgung im Haus.

Bei der Auswahl der technischen Gebäudeausrüstung im Bereich Heizungsbrenner können Sie sich eventuell auch durch Ihre Kommune oder die ortsansässigen Stadtwerke beraten lassen. Bei Ihren Überlegungen sollten Sie in jedem Fall drei Dinge beachten:

- die ökologische Seite der Anlage (zum Beispiel die Frage, ob Erdöl noch zeitgemäß ist und ob sich später ggf. regenerative und konventionelle Systeme miteinander verbinden lassen),
- die ökonomische Seite der Anlage (zum Beispiel wie teuer und wie sparsam welche Anlage ist) und
- die lokalen Gegebenheiten (zum Beispiel ob ein Fernwärmeanschluss möglich ist).

Nun ist es so, dass bereits durch das Gebiet, in dem Sie bauen, eine bestimmte Energieart bestimmt wird. Beispielsweise wenn das Gebiet einen Fernwärmeanschluss hat und Sie an dem System partizipieren können oder aber wenn es eine durchgängige Gasversorgung bietet oder wenn zum Beispiel beide Möglichkeiten in dem betreffenden Gebiet überhaupt nicht angeboten werden. Bevor Sie sich also auf irgendwelche grundlegenden Dinge festlegen, müssen Sie die speziellen Gegebenheiten vor Ort kennen.

**Vor- und Nachteile von Heizungssystemen**

Erst dann stellt sich die Frage, welche Art von so genannten wärmeabgebenden Flächen Sie bevorzugen. Hier gibt es die verschiedensten Varianten, vom herkömmlichen Heizkörper über die Fußbodenheizung und die Wandheizung bis hin zu Deckenstrahlern. Alle Systeme haben ihre Vor- und ihre Nachteile, wobei der klassische Wandheizkörper sich gegenüber so manchem neuen System in vielerlei Hinsicht durchaus bewährt hat. So ist beispielsweise eine Fußbodenheizung am besten in Kombination mit bestimmten Bodenbelägen, wie zum Beispiel Fliesenbelag, zu verwenden. Bei Parkettböden mit Fußbodenheizung besteht die Gefahr der Wölbung und Rissbildung des Parkettbelags aufgrund des direkten Wärmeeintrags. Bei Teppichböden mit Fußbodenheizung wird der Teppichstaub durch die warme, aufsteigende Luft vermehrt in den Raum gewirbelt. Sehr wichtig für Sie als Käufer ist nicht zuletzt auch, dass die Systeme fehlertolerant sind, das heißt dass im Falle einer Reparatur nicht ganze Böden und Estriche abgetragen werden müssen. Gleiches gilt übrigens auch für die Wasserversorgung.

**Ausführliche Beratung**

Auch hier ist es sinnvoll, eine Fertighausausstellung zu besuchen und sich einmal intensiv nur auf die Gebäudetechnik zu konzentrieren, zu fragen und zu vergleichen. Der Ratgeber „Heizung und Warmwasser“ der Verbraucherzentrale informiert ebenfalls umfassend über das Thema (▸▸ Anhang, Seite 198).

**Elektrotechnik**

Im Elektrobereich gibt es ebenfalls eine große Variationsbreite an Ausstattungsmöglichkeiten. Dies hängt natürlich auch davon ab, wie weit Sie Ihr Haus ausstatten wollen, zum Beispiel mit elektrischen Rollläden, Alarmanlage, Klimaanlage etc. Eine normale Standardelektroausführung eines Einfamilienhauses ist sehr gut planbar und überschaubar. Eine Übersicht hierüber können Sie sich hervorragend über die Auflistung der von Ihnen benötigten elektrischen Geräte verschaffen, also Lampen, Steckdosen (Wo? Wie viele?), Waschmaschine, Fernseher, Radio (Wo? Wie viele?), Elektroherd, Kühlschrank etc. Hierzu gehören auch Überlegungen, ob für bestimmte Stromkreise wie zum Beispiel in den Schlafzimmern eine Netzfreischaltung vorgesehen werden soll (Reduzierung von Elektrosmog). Daraus können Sie einen ersten Elektroplan entwickeln, indem Sie einfach Ihre spezifischen Wünsche in die Grundrisspläne der Kaufimmobilie einzeichnen. Daraus lässt sich dann sehr einfach die endgültige Elektroplanung entwickeln.

Entwickeln Sie einen Elektroplan

Hinsichtlich der Leitungsführung der Elektroinstallation gibt es unterschiedliche Möglichkeiten: Zum einen die einfachen, herkömmlichen Elektroausstattungsvarianten und zum anderen so genannte BUS-Systeme, die Ihnen eine integrative Elektroplanung ermöglichen, bei der die verschiedenen Geräte, zum Beispiel auch in Abhängigkeit voneinander bzw. Zuordnung zueinander, gesteuert werden können. So ist es beispielsweise möglich, elektrisch herunterfahrende Rollläden mit der Aktivierung der Innenbeleuchtung zu kombinieren. Oder aber eine Stehlampe, die in einer beliebigen Steckdose steckt, über einen jeweils neu zugeordneten Wandschalter an- und auszuschalten. Dies kann Vorteile haben, wenn Sie zum Beispiel eine zentrale Schaltstelle für verschiedene Geräte haben wollen oder komplexe Elektroeinrichtungen planen.

BUS-Systeme

Diese Anlagen sind für den einfachen Hausnutzer aber nicht zwingend notwendig.

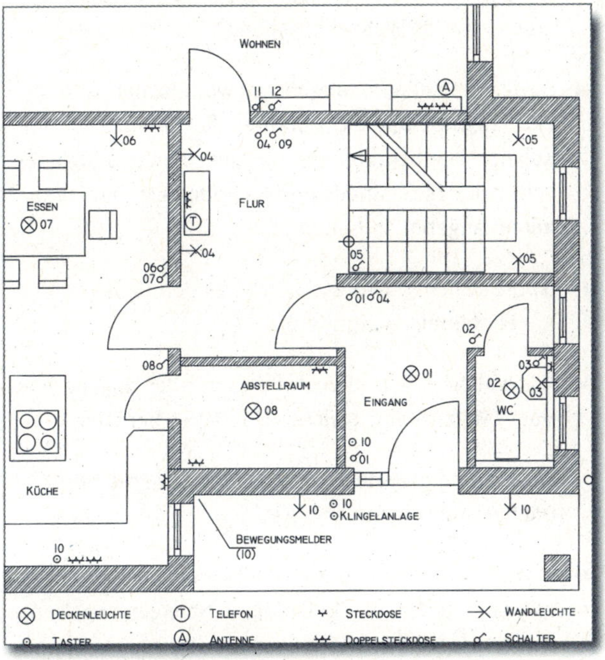


Elektroplanung

## So vergleichen Sie richtig

Grundsätzlich ist es bei der Suche und dem Vergleich von Fertighausangeboten wichtig, dass Sie darauf achten, dass das, was Sie miteinander vergleichen, auch tatsächlich vergleichbar ist. Bei der Vielzahl der Angebote auf dem Markt ist es fast unmöglich, ein Haus mit einem anderen 1:1 zu vergleichen. Nachfolgend finden Sie die wichtigsten Punkte, die auf Ihrer Vergleichsliste auf keinen Fall fehlen sollten.

Die wichtigsten Punkte für Ihre Liste

- Wird das Haus mit Keller oder mit Bodenplatte angeboten?

- Wenn das Haus mit Keller angeboten wird, aus welchem Baustoff ist der Keller? Stein? Gefügte Betonplatten? Ortbeton? Wie ist er gegen Erdfeuchte und aufsteigendes Wasser geschützt?

- Soweit ein Keller mitangeboten wird: Ist der Aushub der Baugrube und das Abfahren des Erdmaterials im Kellerpreis inbegriffen? Ist das anschließende Wiederverfüllen des Geländes und anmodellieren ans Haus mit im Angebot enthalten?

- Ist die Baueingabe des zu errichtenden Hauses im Angebotspreis inbegriffen?

- Aus welchem Hauptbaustoff besteht das angebotene Haus? Holz? Stein? Welches Holz? Welcher Stein?

- Welche Dämmwerte (U-Wert) haben Außenwände, Dächer und Fensterflächen?

- In welcher Ausbaustufe wird das Haus angeboten? Ist es fix und fertig, zum Beispiel mit Hauseingangstreppe und tapezierten Wänden, oder wird es Ihnen zum Beispiel nur tapezierfähig mit provisorischer Hauszugangstreppe übergeben?

- Wie ist die Ausstattung des Hauses, zum Beispiel hinsichtlich Bodenbelägen, Tür- und Fenstermaterialien, Fliesen und Sanitärgegenständen etc.? Werden hier eindeutige und unzweifelhafte Markenzuordnungen und Baustoffbenennungen gemacht oder heißt es bloß „hochwertige deutsche Markenprodukte“?

- Wie ist die technische Ausstattung? Zwischen welchen Heizsystemen können Sie wählen, welche Sanitärinstallation (Rohrmaterialien etc.) und welche Elektroausstattung?

- Wie lange wird der betreffende Haustyp schon am Markt angeboten und welche Referenzobjekte gibt es, bei denen man die Kundenzufriedenheit unabhängig abfragen kann?

Erst wenn Sie bei diesen Checkpunkten Übereinstimmung zwischen verschiedenen Haustypen feststellen, können Sie sie annähernd vergleichen. Die nachfolgende Checkliste soll Ihnen hierbei helfen.

**Richtig vergleichen: Hierin unterscheiden sich die Hausanbieter**

| | | Anbieter 1 | Anbieter 2 | Anbieter 3 | Anbieter 4 | Anbieter 5 |
|---|---|---|---|---|---|---|
| | | Ja | Ja | Ja | Ja | Ja |
| 1 | Der Keller ist im Preis enthalten. | | | | | |
| | Die Bodenplatte ist im Preis enthalten. | | | | | |
| | Weder Keller noch Bodenplatte sind im Preis enthalten. | | | | | |
| 2 | Wenn Keller im Preis enthalten, aus welchem Baustoff? | | | | | |
| | Beton | | | | | |
| | Mauerwerk | | | | | |
| | Die Kellerabdichtung gegen Erdfeuchte ist im Preis enthalten. | | | | | |
| 3 | Der Aushub ist bei Kellerausführung im Preis enthalten. | | | | | |
| | Die Wiederverfüllung des Arbeitsraumes ist im Preis enthalten. | | | | | |
| | Die Abfuhr überschüssigen Erdmaterials ist im Preis enthalten. | | | | | |
| | Die Geländemodulation ans Haus ist im Preis enthalten. | | | | | |
| 4 | Die komplette Baueingabe inkl. Gebühren ist im Preis enthalten. | | | | | |
| 5 | Aus welchem Hauptbaustoff besteht das Haus? | | | | | |
| | Holz | | | | | |
| | Stein | | | | | |

| | | Anbieter 1 | Anbieter 2 | Anbieter 3 | Anbieter 4 | Anbieter 5 |
|---|---|---|---|---|---|---|
| | | Ja | Ja | Ja | Ja | Ja |
| 6 Welche Dämmwerte haben die Außenbauteile? | | | | | | |
| Außenwand | U-Wert ‹ 0,2 | | | | | |
| Dach | U-Wert ‹ 0,15 | | | | | |
| Fenster | U-Wert ‹ 1,2 | | | | | |
| Dachflächenfenster | U-Wert ‹ 1,3 | | | | | |
| Haustüre | U-Wert ‹ 1,7 | | | | | |
| Kellerdecke und Wände gegen unbeheizte Räume | U-Wert ‹ 0,3 | | | | | |
| 7 In welcher Ausbaustufe wird das Haus angeboten? | | | | | | |
| Inklusive aller Leistungen, fix und fertig | | | | | | |
| Bodenbeläge, Malerarbeiten in Eigenleistung | | | | | | |
| Dachgeschossausbau in Eigenleistung | | | | | | |
| Keller bewohnbar und beheizbar mit Estrich | | | | | | |
| Außenanlage, Terrasse, Zugangstreppen enthalten | | | | | | |
| 8 Welche Bauqualität und Markenzuordnungen gibt es? | | | | | | |
| Alle Baustoffe und Gegenstände werden genau bezeichnet. | | | | | | |
| Ein Großteil der Baustoffe und Gegenstände sind definiert. | | | | | | |
| Baustoffe und Gegenstände werden nicht exakt beschrieben. | | | | | | |
| 9 Gibt es Auswahlmöglichkeiten in der technischen Ausstattung? | | | | | | |
| Es stehen verschiedene Sanitärausstattungen zur Auswahl. | | | | | | |
| Es stehen verschiedene Elektroausstattungen zur Auswahl. | | | | | | |
| Es stehen verschiedene Heizsysteme zur Auswahl. | | | | | | |
| 10 Wie lange ist der Haustyp schon auf dem Markt? | | | | | | |
| | länger als 1 Jahr | | | | | |
| | länger als 3 Jahre | | | | | |
| | länger als 5 Jahre | | | | | |
| Können Sie Referenzobjekte besichtigen und mit Besitzern sprechen? | | | | | | |

# Kapitel 4
# Der Baustoff Holz

**Fertighausanbieter produzieren auch individuelle Häuser**

Fertighausanbieter bieten heutzutage nicht mehr nur Häuser von der Stange. Viele Anbieter sind auch in der Lage, sehr individuelle Häuser zu produzieren, die sogar von einem freien Architekten geplant sein können. Die Zimmereibetriebe, die sich im Qualitätsverband Zimmermeisterhaus (www.zmh.com) zusammengeschlossen haben, erstellen generell sehr individuelle Gebäude. Um Überlegungen für den Bau eines individuellen Holzhauses anzustellen, sollte man Kenntnisse über wichtige Grundlagen des Holzbaus haben. Das nachfolgende Kapitel geht daher intensiver hierauf ein. Wenn Sie von einem Fertighausanbieter ein Standardhaus kaufen, ist dieses Kapitel für Sie von geringer Relevanz. Sie können dann auch direkt im Kapitel 5 „Herstellerüberprüfung und Vertragsgestaltung“ weiterlesen.

## Holzarten und Klassifizierungen

Grundsätzlich kann unterschieden werden in Laub- und Nadelhölzer (LH und NH) sowie in Weich- und Harthölzer. Nachfolgend finden Sie eine Liste der in Deutschland verbreiteten Holzarten und ihrer Härteklassifizierungen:

| | |
|---|---|
| **Nadelhölzer** | Fichte, Tanne, Kiefer, Lärche |
| **Laubhölzer** | Pappel, Linde, Eiche, Esche, Buche (Rot- und Weißbuche), Ahorn, Birke |
| **Sehr weiches Holz** | Pappel |
| **Weiches Holz** | Fichte, Tanne, Kiefer, Lärche, Linde |
| **Hartes Holz** | Eiche, Esche, Rotbuche, Ahorn, Birke |
| **Sehr hartes Holz** | Weißbuche |

Neben den natürlichen Eigenschaften, die das Holz mitbringt, kommen weitere Klassifizierungen hinzu, die das Holz durch seine Bearbeitung erfährt. Im Besonderen sind dies die Trocknungs-, Schnitt- und Güteklassen.

**Trocknung**

**Natürliche/künstliche Holztrocknung**

Nach dem Fällen muss das Holz getrocknet werden. Zum einen gibt es hier natürliche Trocknungsmethoden, in denen das Holz, geschützt vor Regen und Schnee, über mehrere Jahre gelagert wird und so natürlich austrocknet. Je länger es liegt und je intensiver es austrocknen konnte, umso geringer ist sein Feuchtegehalt. Daneben kann Holz künstlich getrocknet werden, indem es in so genannten Trockenkammern hohen, künstlichen Temperaturen ausgesetzt wird und dadurch in erheblichem Umfang Feuchtigkeit abgibt. Die künstliche Holztrocknung ist heute Standard, weil mit ihr der Trocknungsgrad des Holzes sehr viel genauer vorauszubestimmen ist. Vor allem aber bedeutet sie eine erhebliche Zeit- und Lagerplatzersparnis.

**Feuchtegehalt des Holzes**

Zum Bauen wird für die jeweiligen Einsatzgebiete Holz mit unterschiedlichem Feuchtegehalt benötigt. Der Feuchtegehalt des Holzes wird in Prozent bezogen auf das so genannte Darrgewicht (Nassgewicht) des Holzes angegeben. Konstruktionsholz im Hausbau sollte nicht mehr als 18 % Holzfeuchte besitzen.

**Güteklassen**

**DIN 4074 Teil 2**

Unter den Holzgüteklassen versteht man im weitesten Sinne die Holzqualität. Die Holzqualität kann zum Beispiel durch Krümmung, Astansätze, Insekten- oder auch Pilzbefall beeinträchtigt werden. Diese Qualitätsminderung bleibt nicht ohne Auswirkungen auf die Tragfähigkeit des Holzes. Die DIN 4074 Teil 2 unterscheidet dementsprechend drei Güteklassen der Tragfähigkeit von Holz:

| | |
|---|---|
| Güteklasse I: | Baurundholz mit hoher Tragfähigkeit |
| Güteklasse II: | Baurundholz mit gewöhnlicher Tragfähigkeit |
| Güteklasse III: | Baurundholz mit geringer Tragfähigkeit |

Die gewünschte Güteklasse wird dann beispielsweise folgendermaßen festgelegt: NH GK II, also Nadelholz Güteklasse II.

**Sortierklassen des Schnittholzes**

DIN 68252

DIN 4074 Teil 1

Nach DIN 68 252 sind alle Hölzer, die durch das Sägen des Rundholzes parallel zur Stammachse (also in der Laufrichtung des Holzstammes) zu Latten, Brettern, Bohlen, Balken oder Kanthölzern verarbeitet werden, so genannte Schnitthölzer. Die DIN 4074 Teil 1 wiederum führt anhand der Kantenmaße des betreffenden Schnittholzes im Einzelnen auf, wann ein Holz als Latte, Brett, Bohle oder Kantholz zu bezeichnen ist. Entscheidend ist dabei, ob eine Latte aus dem Kernbereich eines Stammes oder aus seinem Zwischenbereich oder gar aus seinem Randbereich geschnitten wurde. Man spricht hier von Herzbrettern (Stammkern mit stehenden Jahresringen), Seitenbrettern (Zwischenbereich mit liegenden Jahresringen) und Schwarten (Randbereich mit ebenfalls liegenden Jahresringen). Dementsprechend teilt die DIN in Sortierklassen, die sich nach der Tragfähigkeit, nach der zulässigen Biegefestigkeit und nach der Güteklasse des Holzes richten.

Unterscheidung nach drei Klassen

Neben der besonderen Sortierklasse MS 17 (Schnittholz mit besonders hoher Tragfähigkeit) unterscheidet man hier vor allem die drei Klassen S 7, S 10 und S 13, die den drei Güteklassen zugeordnet sind:

| | |
|---|---|
| Sortierklasse S 7: | ~ Güteklasse III |
| Sortierklasse S 10: | ~ Güteklasse II |
| Sortierklasse S 13: | ~ Güteklasse I |

Je nachdem, für welchen Zweck ein Schnittholz verwendet werden soll, muss auch seine Einschnittart möglichst exakt bestimmt werden. So ist beispielsweise bei hohen Balkenquerschnitten kernfreies Holz unbedingt empfehlenswert. Kerngetrenntes Holz, also Holz, das exakt in der Stammmitte in Längsrichtung zersägt wird, kann sich leicht im Querschnitt verziehen, wenn die Trennung nicht genau im Stammkern erfolgt ist.

**Oberflächen-Verarbeitungsqualität**

Verwendung von drei Varianten

Zusätzlich zu den oben genannten Güteklassen und Schnittklassen gibt es auch definierte Oberflächen-Verarbeitungsqualitäten des Holzes. In der Regel werden die drei Varianten von grob zu fein verwendet:

- gesägt,
- gehobelt und
- geschliffen.

Je nachdem, wo ein Holz zum Einsatz kommt, wird man entsprechende Oberflächenanforderungen stellen, die auch noch sehr viel weiter ausdifferenziert werden können, zum Beispiel indem ein Hobelmesser-Kreissägeschnitt mit gerundeten Kanten verlangt wird.

## Brandschutz

Forderung nach F-90-Brandschutz

Der Brandschutz ist im Holzbau kein Problem, solange es sich um überschaubare Gebäudetypen handelt. Sie werden hier bei einer freistehenden, zweigeschossigen Einzel-, Mehrfamilien- oder Reihenhausbauweise maximal mit der Forderung nach F90-Brandschutz für einzelne Bauteile konfrontiert. F90 bedeutet, dass zum Beispiel eine Stütze dem Feuer 90 Minuten standhalten muss, ohne die Tragfähigkeit zu verlieren. Dieser Schutz ist mit den Mitteln der Holzrahmenbauweise erreichbar. Den F30-

Schutz (30 Minuten) erreicht bereits eine einfache Holzrahmenbauwand, die mit einer außenliegenden Spanplatte von ca. 13 mm Stärke, einer dahinter sitzenden Mineralfaserdämm-Matte von ca. 80 mm und einer innenliegenden GKF-Platte von 12,5 mm aufgebaut ist. In der DIN 4102, Teil 4, Tabelle 49 sind verschiedene Wandaufbau-Varianten und ihre zugehörigen Feuerwiderstandsklassen benannt. Dies verdeutlicht, dass durch geeignete zusätzliche Beplankung aus einer F30-Wand eine F90-Wand entstehen kann.

Die Angst vor der Feuergefahr im Holzbau ist weitverbreitet und nur schwer zu entkräften. Während jedoch Stahl unter Hitzeeinwirkung sehr plötzlich nachgibt und sich schlagartig verformt, ist dies bei Holz nicht der Fall.

**Nicht nur die Brennbarkeit ist ausschlaggebend**

Bei Balken mit entsprechender Stärke bleibt der innere Kern sogar meistens extrem lange erhalten. Hinzu kommt, dass bei Ausbruch eines Feuers nicht nur die Brennbarkeit von Materialien ausschlaggebend ist, sondern vor allem auch die sich entwickelnden Gase, die lebensbedrohlich wirken können. Bricht beispielsweise in einem Massivhaus mit einem Innenausbau aus Kunststoffböden und Hartschaumdecken ein Feuer aus, dann kann sich aufgrund der Gasentwicklung durch die verbrennenden Kunststoffe sehr viel schneller eine lebensbedrohliche Situation entwickeln, als dies in einem Holzbau ohne Kunststoffelemente der Fall wäre.

## Feuchteschutz

**Interner und externer Feuchteschutz**

Bei einem Haus aus Holz muss der Feuchteschutz unter zwei Aspekten gesehen werden, unter dem Gesichtspunkt des internen Feuchteschutzes und unter dem Gesichtspunkt des externen Feuchteschutzes.

**Interner Feuchteschutz**

Der interne Feuchteschutz betrifft insbesondere kritische Nassbereiche, wie Küchen und Bäder. Hier sind Vorkehrungen gegen Spritz- und Putzwasser zu treffen. Dieser Schutz wird dadurch erreicht, dass auf die Innenwandbeplankungen eine Abdichtungsmasse aufgebracht wird, bevor die Fliesen geklebt werden. Hierbei kommen in der Regel vor allem zwei Abdichtungsvarianten zum Einsatz: die Bitumen-Kautschuk-Emulsion, die mit mindestens 800 g/m² in drei Arbeitsgängen auf die Wandbeplankung aufgetragen werden muss, und das Aufbringen (in Streifen waagerecht, nie senkrecht) eines elastifizierten, hydraulisch abbindenden Dünnbettmörtels mit abdichtenden Eigenschaften. Für beide Abdichtungsvarianten muss der Untergrund sauber und fettfrei sein. Dann werden die Abdichtungen vollflächig in mehreren Arbeitsgängen aufgebracht. Die Mörteldicke sollte eine Mindeststärke von 2 mm haben. Die Raumecken müssen sorgsam durch Fugenbänder geschützt sein, Wand-Bodenübergänge auch durch spezielle Eckprofile.

Kritische Nassbereiche

Auf Bodenabläufe im Badezimmer sollte weitestgehend verzichtet werden, da die Dichtigkeit dieser Abflüsse nur schwer zu kontrollieren ist.

**Externer Feuchteschutz**

Der externe Feuchteschutz eines Holzgebäudes besteht aus verschiedenen Vorkehrungen, die getroffen werden sollten. Richtig angewandt garantieren sie eine lange Lebensdauer des Holzes. Zu nennen sind hier vorrangig:

- Regen- und Schlagregenschutz
- ausreichende Hinterlüftungen überall sowie
- Vermeidung von Wärmebrücken und Luftundichtigkeiten der Konstruktion (Gefahr von Tauwasserbildung im Bauteil).

**Nicht zu geringen Dachüberstand wählen**

Soweit für die Außenwandbekleidungen eines Holz-Fertighauses Sichtholz als Schalung gewählt wird (zum Beispiel als Stülpschalung oder als Deckbrettschalung), sind diese Holzverschalungen den verschiedensten Witterungsbedingungen ausgesetzt, wie Regen, Schlagregen, hoher Luftfeuchte und auch Schnee und Graupel. Holz kann diesen Bedingungen grundsätzlich trotzen, wenn es von der Konstruktionsweise der Bauteile hierbei unterstützt wird. So ist es zum einen wichtig, einen nicht zu geringen Dachüberstand zu wählen, um die Außenhaut dadurch grundsätzlich und schon rein bautechnisch vor allzu heftigem Schlagregen zu schützen. Auch die Sockelausbildung sollte ausreichenden Feuchtigkeitsschutz bieten. Holz darf keinen direkten Bodenkontakt haben und ein hausumlaufender Kiesstreifen hilft, Spritzwasser an der Hausfassade zu unterbinden.

Wichtig ist vor allem aber auch, die Außenwandverkleidung des Holzbaus mit einer ausreichenden Hinterlüftung zu versehen, so dass die Luft von allen Seiten an das Schalungsholz dringen kann, um es nach einem Regen gut auslüften lassen zu können. Dies ist extrem wichtig und wird in der Regel dadurch erreicht, dass die Konstruktionstiefe der Konterlattung und Lattung, auf die die abschließende Holzverschalung aufgebracht wird, den entsprechenden Hinterlüftungsraum freihält.

**Vermeidung von Wärmebrücken**

Ebenso wichtig ist es, jedwede eventuelle Wärmebrücke im Holzbau zu vermeiden. Als Wärmebrücken werden Bauteile bezeichnet, die vom Innern eines Hauses nach außen durchlaufen und aus einem sehr wärmeleitfähigen Material bestehen, wie zum Beispiel aus Metall. Ist etwa eine durchgehende Metalltürschwelle an der Eingangstür eines Hauses eingebaut, wird dies früher oder später zu Feuchteschäden führen, weil sich im Innenbereich des Hauses aufgrund des Differenzklimas Kondenswasser bildet und dann von der Schwelle in angrenzende Bauteile fließen kann.

**Schimmel- und Fäulnisbildung**

Für den Holzbau können solche Details verheerende Folgen haben, weil die angrenzenden Bauteile meist nicht über ausreichende Belüftungsmöglichkeiten verfügen, da sie als reine Innenbauteile konzipiert sind. Hier kommt es dann sehr rasch zu Schimmel- und Fäulnisbildung.

Holz muss für einen ausreichenden Schutz vor Feuchtigkeit nicht zwingend mit chemischen Holzschutzmitteln behandelt werden. Eine falsche Behandlung kann die Lebensdauer von Holzkonstruktionen sogar verkürzen. Solange Holz ausreichend be- und hinterlüftet ist, über weite Dachüberstände gegen allzu heftigen Schlagregen geschützt ist und keine riskanten Baudetails Wärmebrücken und zweifelhafte Materialkombinationen bringen, kann Holz auch unbehandelt verbaut werden.



**Chemische Holzschutzmittel**

Eine Behandlung mit chemischen Holzschutzmitteln ist dementsprechend vom Gesetzgeber auch nur hinsichtlich des Insekten- bzw. Pilzbefalls für tragende Bauteile vorgeschrieben. Unbehandeltes Holz kann sogar sehr reizvoll sein und eine schöne Patina annehmen, die dem Haus einen ganz eigenen Charakter gibt.

## Wärmeschutz

Einen ausreichenden Wärmeschutz zu erreichen, ist im Holzbau überhaupt kein Problem. Es ist hier im Gegenteil sehr viel leichter als bei den meisten anderen Bauweisen und Baustoffen.

**Energieeinsparverordnung**

Hinsichtlich der rechtlichen Verordnungen zum Wärmeschutz gilt seit Anfang 2002 die Energieeinsparverordnung (EnEV). Sie legt unter anderem Grenzwerte für den maximal zulässigen U-Wert eines Bauteils fest.

Der Außenwandaufbau eines Holz-Fertighauses als Holzrahmenkonstruktion besteht in der Regel von außen nach innen aus folgenden Schichten:

**Schichten der Holzrahmenkonstruktion**

- Außenschalung
- Lattung und Konterlattung
- dampfdurchlässige Folie
- Sperrholzplatte/Hartfaserplatte
- Mineralwolle oder auch andere Dämmstoffe, wie zum Beispiel Zellulosedämmstoffe etc., in beliebiger Stärke, abgestimmt auf die Stärke der Holzständer, die den Rahmen zwischen äußerer Sperrholzplatte und innerer Gipskartonplatte bilden und zwischen denen die Dämmung eingebracht wird
- Polyethylen(PE)-Folie als Dampfbremse
- Sperrholzplatte
- Gipskartonplatte als Innenverkleidung

**Hervorragende Dämmwerte**

Je nachdem, welches Dämmmaterial Sie hier verwenden und in welcher Stärke Sie es einsetzen, können Sie im Holzbau hervorragende Dämmwerte erreichen. Sie sollten sich in dieser Hinsicht unbedingt Zeit nehmen und die verschiedenen Möglichkeiten zum Beispiel auf Fertighausausstellungen, auf Messen oder auch im Gespräch mit Fachleuten genau in Augenschein nehmen. Gebräuchliche Dämmmaterialien sind neben mineralischen und pflanzlichen Faserdämmstoffen auch Zellulosedämmstoffe (in Wandkammern eingeblasenes Recyclingmaterial aus Papier), Holzwolle-Leichtbauplatten und Holzfasern. Polystyrol-Hartschaum-Dämmstoffe (zum Beispiel Styropor) sind im Holzbau eher seltener vertreten.

Es ist sinnvoll, von den verschiedensten Holzhausanbietern Unterlagen anzufordern und die Wandaufbauten zu vergleichen. In jedem Fall sollten Sie sich vor dem Kauf eines Hauses den kompletten Energiebedarfsnachweis gemäß EnEV vorlegen lassen, einschließlich sämtlicher Berechnungsgrundlagen sowie der Berechnung selbst.

**Fordern Sie Unterlagen der Holzhausanbieter an**

## Windschutz und Luftdichtigkeit

Beim Bauen mit Holz ist dem Windschutz und der Luftdichtigkeit der Gebäudehülle besondere Aufmerksamkeit zu schenken. Dies unterscheidet Holzbauten von den meisten Stein- bzw. Betongebäuden. Ein ausreichender Windschutz wird im Holzbau vor allem durch zwei Dinge erreicht: eine sorgsame Verarbeitung der Materialien auf der Baustelle und konsequent dicht abschließende Folienlagen im Wandaufbau. Die innere PE-Folie dient vorrangig als Dampfbremse, um Luftfeuchtigkeit aus dem Rauminnern nicht in die Außenwandkonstruktion gelangen zu lassen (u.a. Gefahr der Durchfeuchtung der Wärmedämmlage), die eventuelle äußere Folienlage ist ein zusätzlicher Wasser- und Windschutz.

**Dicht abschließende Folienlagen**

Folien müssen an Stoßstellen ausreichend überlappt und insgesamt gut gesichert sein gegen Abrutschen innerhalb der Konstruktion. Im Fußpunkt des Außenwandanschlusses sind Folien bis hinunter auf die Oberkante des Rohfußbodens zu ziehen und dort dicht zu montieren.

Bei Tür- und Fensteranschlägen sind die Folien sorgsam um die Aussparungen herum zu legen und bündig und dicht mit diesen zu montieren. Sämtliche Dachanschlüsse oder andere individuelle und kritische Details sind hinsichtlich aller Anschlussdetails auch in Bezug auf die Folienführungen genau zu prüfen.

**Anschlussdetails genau prüfen**

Viele Bauschäden beispielsweise im Dachbereich entstehen durch Leckagen in der Dampfbremse, durch die feuchte Raumluft in die Dämmung eindringen kann und diese unbrauchbar macht. Durch Leckagen entstehen aber auch unangenehme Zugerscheinungen, was die Wohnqualität mindert. Die Aufheizung der Dachgeschossräume im Sommer wird ebenfalls durch Lecks in der Dampfbremse begünstigt, weil warme Außenluft eindringen kann.

**Blower-Door-Test**

Mit bloßem Auge sind Ausführungsfehler kaum zu erkennen. Die Dichtigkeit einer Dampfbremse kann jedoch durch einen Blower-Door-Test überprüft werden. Hierbei wird künstlich ein Über- bzw. Unterdruck im Haus erzeugt. Bei geschlossenen Fenstern und Haustüre wird die Luftmenge gemessen, die innerhalb einer Stunde durch ungewollte Öffnungen nachströmt. Ein guter Wert ist bei Einfamilienhäusern das 1- bis 1,5-fache Luftvolumen des Innenraums. Schlechte Werte liegen bis zu einem 6- bis 8-fachen Luftvolumen, was in der Gesamtheit einem permanent offenen kleinen Fenster entspricht. Selbst kleinste Luftlecks lassen sich mit dem Blower-Door-Test spürbar auffinden. Häufig finden sich Undichtigkeiten an folgenden Stellen:

**Stellen mit häufigen Undichtigkeiten**

- die Stöße der Dampfbremse im Dachgeschoss
- der Anschluss der Dampfbremse an Wandflächen
- Durchdringungen der Dampfbremse durch Leitungsrohre, Kamin usw.
- der Anschluss der Dampfbremse an Dachflächenfenster
- die Revisionsklappe der Rollläden
- Steckdosen und Schalter in der Außenwand

- unterer Anschluss der Haustüre
- Fensteranschluss an seitliche Laibungen

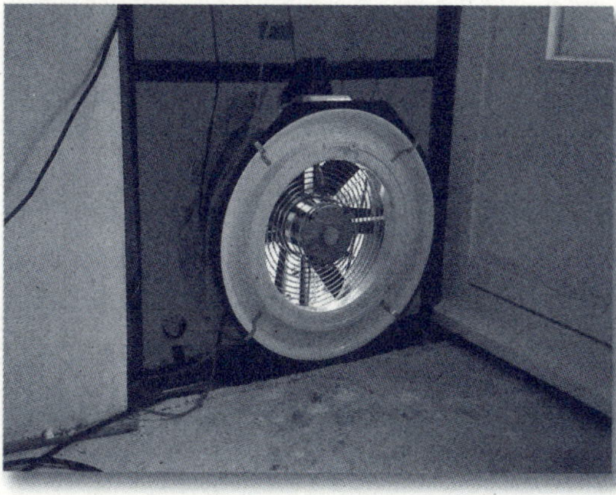

Folientür mit Gebläse beim Blower-Door-Test

Legen Sie bereits im Kaufvertrag fest, dass ein Blower-Door-Test durchgeführt wird. Empfehlenswert ist ein maximaler Austausch des Gebäude-Luftvolumens einmal pro Stunde ($n_{50}$ = 1,0 je Stunde). Unabhängig von einem solchen Blower-Door-Test kann als Zwischenschritt auch ein einfacherer Luftdichtigkeitstest dann durchgeführt werden, wenn die Gebäudehülle vom Bauablauf her noch nachzubessern ist. Eine luftdichte Gebäudehülle ist im Übrigen seit Jahren Stand der Technik und gehört damit ohnehin zum Leistungsumfang des Handwerks.

## Schallschutz

Der Schallschutz in Wohngebäuden aus Holz unterscheidet sich hinsichtlich der betreffenden DIN-Normen (DIN 4109) nicht vom allgemein üblichen Schallschutz in Wohngebäuden. Allerdings ist ein guter Schallschutz in Holzbauten nicht immer so einfach zu verwirklichen wie in Massivbauten.

Beim Schallschutz ist zwischen internem und externem Schalleintrag zu unterscheiden. Des Weiteren wird unterschieden zwischen Luftschall und Körperschall.

**Externer Schall**

Externer Schall ist der Schall, der von der Umgebung/Umwelt in das Haus hineingetragen wird, zum Beispiel durch Auto-, Bahn- oder Flugverkehr oder aber durch Fabriken, Großveranstaltungen und anderes.

**Interner Schall**

Interner Schall ist jener Schall, der im Haus selbst durch die Bewohner bzw. Geräte und Maschinen erzeugt wird.

**Luftschall**

Als Luftschall wird der Schall bezeichnet, bei dem zwischen der Schallquelle und dem schwingungsaufnehmenden Bauteil ausschließlich Luft als Übertragungsmedium liegt.

Ein typisches Beispiel dafür ist eine sehr laut eingestellte Hi-Fi-Anlage oder ein Musikinstrument, das die Luft zum Schwingen bringt, die ihrerseits wiederum die Wände in Schwingungen versetzt und in anderen Räumen sehr störend wirkt.

**Körperschall**

Unter Körperschall versteht man denjenigen Schall, bei dem zwischen Schallquelle und dem schwingungsaufnehmenden Bauteil ein direkter Materialkontakt vorliegt. Ein typisches Beispiel wäre hier zum Beispiel das Laufen auf einer Geschossdecke, durch das direkt über den Materialkontakt Schuh – Decke Schwingung in die Decke eingebracht wird.

Die Annahme, dass ein Massivbau grundsätzlich einen besseren Schallschutz hat als ein Holzbau, ist unbegründet. Es kommt auf eine sorgsame Schallschutzausführung an, sowohl im Massivbau als auch im Holzbau.

Vergleich Körperschall und Luftschall

Bei Massivbauten kann ein guter Schallschutz von Wänden durch ein hohes Gewicht dieser Wände erreicht werden. Eine 24 cm dicke Wand aus Beton hat einen wesentlich besseren Schallschutz als eine 24 cm dicke Wand aus Hochlochziegeln.

Zweischalige Wände

Im Holzbau wird ein guter Schallschutz von Wänden durch den Wandaufbau erreicht. Es handelt sich um so genannte zweischalige Wände mit biegeweichen Schalen. Das heißt, die Außenflächen der Wände bestehen aus einer oder mehreren dünnen Platten (Gipskarton, Holzspanplatten), die auf eine Unterkonstruktion (Holz- oder Metallständer) geschraubt werden. Der Hohlraum zwischen den Bekleidungen kann zum Beispiel mit Mineralwolle ausgefüllt werden. Mit zweischaligen Wänden können sehr gute Schalldämmwerte erreicht werden.

Nun ist ein komplettes Gebäude eine sehr viel komplexere Einrichtung als nur eine errichtete Scheibe und dementsprechend müssen Schallschutzvorkehrungen an vielen Punkten getroffen werden bei:

Schallschutzvorkehrungen an besonderen Punkten

- Installationsführungen (interner Schalleintrag vor allem als Körperschall),
- Sanitäreinrichtungen wie WCs und Badewannenkörper (interner Schalleintrag vor allem als Körperschall),
- Geschossdecken (interner Schalleintrag vor allem als Körperschall),

- Trennwänden (interner Schalleintrag als Luft- und Körperschall),
- Treppen (interner Schalleintrag, vor allem als Körperschall),
- Hauszwischenwänden (interner Schalleintrag als Luft- und Körperschall),
- Außenwänden (externer Schalleintrag als Luftschall),
- Haustrennwänden (externer Schalleintrag als Körperschall und Luftschall).

**Installationen**

Schallschutzklemmen und Ummantelung

Installationen sind grundsätzlich mit Schallschutzklemmen zu versehen und vollständig zu ummanteln, um zum Beispiel im Falle von Heizungsrohren keine Ausdehnungsgeräusche der Rohre und keine Fließgeräusche des Wassers zu übertragen.

**Sanitäreinrichtungen**

Sanitäreinrichtungen sollten nach Möglichkeit mit schalldämpfenden Befestigungen montiert werden. Wo dies aufgrund von Ein- oder Abdichtungsproblematiken nicht geht, sollten sie nach Möglichkeit nicht über Wohnräumen eingebaut werden.

**Geschossdecken**

Trittschalldämmung

Geschossdecken sollten zwischen Balkenlage und Bodenbrettauflage eine Trittschalldämmung als Zwischenlage haben oder einen schwimmenden Estrich. Holzkastendecken können neben einer vollflächigen Trittschallschutzauflage an der Oberseite zusätzlich auch mit Sand gefüllt werden. Dies kann allerdings ein erhebliches Mehrgewicht in die Decke bringen und ist auch nicht ganz unproblematisch hinsichtlich eventueller Leitungsführungen in der Decke.

**Trennwände**

Trennwände sollten im Falle sehr dünnwandiger Ausführungen soweit möglich mit einem schallabsorbierenden Material als Hohlraumdämpfung gefüllt sein (Holzwolle, Sand etc.). Zusätzlich kann eine Mehrfachbeplankung erfolgen.

**Treppen**

Schalldämmende Zwischenlage

Treppen sollten nicht fest an seitlichen Wänden montiert sein und an ihren Auflagerpunkten auf den jeweiligen Geschossdecken oder Podesten unbedingt mit einer schalldämmenden Zwischenlage versehen sein.

**Hauszwischenwände**

Hauszwischenwände sollten zweischalig ausgeführt werden und so wenig gemeinsame Konstruktionsverbindungspunkte wie möglich haben. Sie sollten unabhängig voneinander frei schwingen können.



**Außenwände**

Zusätzliche Schallschutzplatten

Außenwände können mit zusätzlichen Schallschutzplatten beplankt werden, um einen höheren Schallschutz zu erreichen.

Insgesamt lassen sich mit dem Holzbau durchaus gute Schalldämmwerte erreichen. Bei einem Massivbau sind aufgrund der Konstruktionsweise zwar in der Regel bessere Werte zu erreichen, dies gilt aber auch nur dann, wenn diesem Thema beim Massivbau eine erhöhte Aufmerksamkeit geschenkt wird. Beim modernen Holzbau können die von der DIN geforderten Schalldämmwerte eingehalten werden.

## Insekten- und Pilzschutz

Sofern Holz durch ausreichende Dachüberstände, gute Hinterlüftung, sichere Sockeldetails und ausreichende

Kontrollmöglichkeiten etc. natürlich geschützt ist, besteht kein zwingender Grund, Holz zusätzlich zu schützen in Bezug auf Insekten- oder Pilzbefall.

**DIN 68 000, Teil 3**

Es ist allerdings so, dass die DIN 68 000, Teil 3 für alle Außenteile eines Gebäudes einen vorbeugenden chemischen Holzschutz fordert, der die amtlichen Prüfkriterien erfüllt. So ist in Bezug auf alle tragenden Außenbauteile Iv einzuhalten (vorbeugender Schutz gegen Insekten), zusätzlich P (Schutz gegen Pilze).

**Unterschiedliche Baugesetzgebung der Länder**

Allerdings gibt es auch in dieser Hinsicht Unterschiede bei der Baugesetzgebung der einzelnen Bundesländer, die bestimmte Erleichterungen zulassen können. Hiernach sind hinsichtlich des vorbeugenden Schutzes gegen Insekten und Pilze (Iv.P) folgende tragende Hölzer mit chemischem Holzschutz zu versehen: In Außenwänden, Stützen, Balken, Unterzügen und Pfetten mit oder ohne Bekleidung im überdachten Außenbereich. Hinsichtlich des vorbeugenden Schutzes gegen Insekten sind tragende Hölzer in Innenwänden zu schützen, wenn sie ohne schützende Bekleidung gegen Insekten montiert sind. Außerdem zu schützen sind Unterkonstruktionen, die für die Montage von Deckenbekleidungen dienen.

Kein Holzschutz ist erforderlich bei dreiseitig kontrollierbaren Bauteilen, also zum Beispiel den sichtbaren Balken am Dachüberstand (Traufuntersicht), denn diese Balken können auf Feuchte, Pilzbefall und andere Auffälligkeiten ständig kontrolliert werden, und bei nichttragenden Innenwänden.

**Haftungsfragen auf das Verfahren abstimmen**

Wenn Sie bei Ihrem Hausbau generell auf den Einsatz von chemischem Holzschutz verzichten wollen, müssen Sie hierüber nicht nur mit den Bauaufsichtsbehörden reden, sondern Sie sollten auch daran denken, mit dem beauftragten Fertigbauer oder Handwerker alle relevanten

Haftungsfragen auf dieses Verfahren abzustimmen, damit Sie nicht schon allein durch den Bau eines holzschutzfreien Hauses sämtliche Ansprüche hinsichtlich auftretender Mängel oder Folgeprobleme verlieren.

## Statik und Maße

Nachbearbeitung und Montage

Neben seinen grundsätzlichen bauphysikalischen und bauchemischen Eigenschaften kommen beim Baustoff Holz noch eine ganze Reihe weiterer Bedingungen hinsichtlich Nachbearbeitung und Montage hinzu, die das Planen und Bauen mit Holz wesentlich bestimmen. Hierzu gehören Statik und Vorfertigungsmaße, aber auch grundsätzliche Montagetechniken und Anschlüsse.



**Statik**

Da es sich bei Fertighäusern um Serienprodukte handelt, ist die Statik eines solchen Gebäudes in der Regel ausgereift. Wände, Decken und Dächer werden beim Bauen allgemein jeweils unterschiedlich beansprucht: Entsprechend unterschiedlich muss hierauf reagiert werden. Während Decken zum Beispiel hauptsächlich Vertikallasten aus der Beanspruchung durch die Bewohner oder durch die gestellten Möbel etc. tragen, trägt ein Dach neben dem Eigengewicht auch zum Beispiel Schnee- und Windlasten (Druck- und Sogkräfte). Diese unterschiedlichen Lasten erfordern unterschiedliche Tragsysteme zur Lastabfangung. Die einzelnen Tragsysteme müssen untereinander abgestimmt sein.

Beim Holzrahmenbau wird in der Regel ein Geschoss auf das nächste gesetzt. Dabei werden die tragenden Wände übereinander montiert und die Geschossdecken meist frei gespannt, von einer tragenden Wand zur nächsten. Eine tragende Wand muss nicht zwangsläufig eine Außenwand sein, sondern kann auch eine Innenwand sein. Sie wird dann entsprechend direkt über eine andere tragende Wand im Geschoss darunter montiert.

Die Standard-Wandkonstruktion im Holzbau besteht aus Kantholz-Ständern mit den Kantenmaßen ca. 6 x 12 cm, die in einem Abstand von 62,5 cm (Kantholzmitte zu Kantholzmitte) in Form eines Rahmentragwerks aufgestellt sind und beidseitig mit Spanplatten in einer Stärke von ca. 13 bis 16 mm beplankt sind. Auf diese Standard-Wandkonstruktionen werden dann die Deckenplatten aufgelegt, die genau wie die Wandtafeln einen Balkenabstand von 62,5 cm (Balkenmitte zu Balkenmitte) haben. Die Balken haben abhängig von der Spannweite (d.h. dem Abstand zwischen zwei Auflagerpunkten) einen größeren Querschnitt als die Kanthölzer in den Wandelementen.

**Übliche Kantenmaße**

Im Gegensatz zu den Wand-Kanthölzern haben die Deckenbalken in der Regel Kantenmaße von mindestens ca. 14 x 24 cm, womit Spannweiten von ca. 4,5 m bis 5,5 m gewährleistet sind. Darüber hinausgehende Spannweiten würden entweder unwirtschaftlich große Balkenmaße erfordern, oder aber den Rückgriff auf spezielle Konstruktionen, wie zum Beispiel Holzkastendecken, erforderlich machen. Solche Systeme werden mittlerweile vorwiegend in der Schweiz und in Österreich, also Ländern mit langer Holzbautradition, am Markt angeboten. Mit diesen Deckenfertigsystemen sind durchaus Spannweiten von 6 m bei einer relativ geringen Aufbauhöhe der Decke zu erreichen.

**Dimensionierung der Geschossdecken**

Sollen die Spannweiten noch größer sein, werden so genannte Unterzüge eingezogen, also eine Unterstützung, zum Beispiel in Form eines quer zu den Deckenbalken laufenden Unterzugbalkens, auf dem die Deckenbalken aufliegen. Bei Geschossdecken ist hinsichtlich der Dimensionierung auch zu berücksichtigen, ob und wo auf diese später die nichttragenden Wände gestellt werden.

Zu beachten ist, dass bei ganz oder teilweise freiliegenden Balken die Wahl des Querschnitts nicht nur nach statischen, sondern auch nach brandschutztechnischen Gesichtspunkten zu erfolgen hat, wobei die brandschutztechnischen Anforderungen die bestimmenden sind (dies ist in der DIN 4102, Teil 4 geregelt).

Über der obersten Geschossdecke sitzt schließlich das Dach, entweder als Abschluss über dem bewohnten Dachraum oder als Abschluss über dem Speicher oder Stauraum. Dächer von Holzbauten werden nicht anders behandelt als Dächer von Massivbauten auch, denn bei den meisten Massivbauten wird im Dachbereich ein klassischer Holzdachstuhl gesetzt.

**Dachstuhlkonstruktionen und Dacheindeckungen**

Für Bauten aus Holz sind die unterschiedlichsten Dachstuhlkonstruktionen und Dacheindeckungen realisierbar: vom Einsatz herkömmlicher Dachstuhl-Konstruktionen im Sinne von Sparren-Pfetten-Konstruktionen bis hin zur Montage vorgefertigter Dachtafeln, von Ziegeleindeckungen bis hin zu Blecheindeckungen, gibt es eine ungeheure Bandbreite von Möglichkeiten. Entscheidend für die Statik ist, dass die Auflagerpunkte und die Lastabtragung des Dachtragwerks mit dem gesamten Holzunterbau abgestimmt sind.

Dieser Holzunterbau wiederum sitzt in der Regel entweder auf einem Mauerwerks- oder Betonkeller oder aber – sozusagen ebenerdig – direkt auf einem Fundament. In dieser Unterkonstruktion sind Verankerungen eingebracht, an die das Holztragwerk montiert wird. Im Falle einer Unterkellerung kann alternativ statt einer Betonkellerdecke auch auf dieser Geschossebene schon eine Holzdecke eingezogen werden. Dadurch werden die Kosten reduziert, da Schalungs- und damit örtlicher Bauaufwand geringer sind, außerdem kann die Decke besser gedämmt werden.

## Maße

Verfügbarkeit der Bauelemente

Die geläufigen Maße im Holzbau, wie das oben erwähnte Abstandsmaß von 62,5 cm, haben sich in Deutschland nicht aufgrund statischer oder konstruktiver Gesichtspunkte entwickelt, sondern aufgrund der Verfügbarkeit verschiedener Bauelemente am Markt. Für den gesamten Bereich der Wandverkleidungen bzw. Rahmenbeplankungen betrifft dies zum Beispiel insbesondere das Maß der Gipswerkstoffplatte, die in Deutschland in der Einheitsbreite von 125 cm gehandelt wird. Geteilt durch 2 (um diese Platten mittig anschlagen zu können und links und rechts je ein Rahmenfeld überspannen zu können) ergibt dies ein Modulmaß von 62,5 cm.

Gipswerkstoffplatten

Handelsübliche Gipswerkstoffplatten haben zumeist auch bereits eine entsprechende mittige Kennzeichnung zur vereinfachten Montage ohne große Messungen. Neben den Platten, die der Beplankung der Rahmen dienen, haben auch die Kanthölzer, aus denen die Rahmen gefertigt werden, zumeist Standardmaße von 6 x 6 cm über 6 x 12 cm bis hin zu 6 x 24 cm.

Zu diesen Maßangaben kommen dann noch die individuell (je nach Traglast) benötigten Balkenquerschnitte der Decken sowie des Dachstuhls. Wie erwähnt richtet sich deren Abstand aber nach dem Grundraster des übrigen Hauses, so dass man im Holzbau auf erstaunlich wenigen Grundmodulmaßen die gesamte Hausvermaßung aufbauen kann.

Bei Wandöffnungen wie Türen und Fenstern ist man in der Regel sehr frei und setzt hier so genannte Wechsel ein, welche die Lasten oberhalb der Öffnung auf die seitlich der Öffnung durchlaufenden Kanthölzer umleiten.

# Montagetechniken, Vorfertigung, Anschlüsse und Fundamentierung

**Montage**

Schrauben und Nägel

Während früher beim Holzbau noch aufwändige Holzverbindungen hergestellt wurden, wie das Schiften oder Zapfen, wird dies heute im Holzbau kaum noch praktiziert. Dies würde Holzbauten sehr aufwendig und teuer machen. Die beiden üblichen Montagetechniken sind längst das Schrauben und Nageln. Durch den Einsatz von Elektroschraubern und Druckluftnaglern geht dies problemlos und schnell.

Der besondere Vorteil liegt aber in den einfachen Holzverbindungen an sich. So werden die Hölzer an ihren Montagepunkten einfach nur gestoßen und mit Lochstahlplatten und Schrauben verbunden. Da das Stoßen der Hölzer meistens rechtwinklig erfolgt, kann der Holzzuschnitt und die Montage sehr unkompliziert erfolgen.



Lochstahlplatten

Die Lochstahlplatten wiederum gibt es in den verschiedensten Ausführungen und Formen, so dass für die gängigsten Montagepunkte geeignete Verbindungselemente auf dem Markt erhältlich sind.

Nur dort, wo spezielle Montagepunkte auftauchen, wie zum Beispiel im Bereich eines schrägen Dachansatzes, müssen an den Stoßpunkten besondere Zuschnitte erfolgen.

**Vorfertigung**

Grundsätzlich unterschiedlich ist der Grad der Vorfertigung in der Werkstatt, das heißt, in welcher Größe die einzelnen Wand- und Deckentafeln an die Baustelle angeliefert werden. Je nachdem, mit welchem Fertighausanbieter Sie bauen, kann es hier unterschiedliche Planungsansätze geben.

**Werkstattgrößen und Transportkapazitäten**

Letztlich werden die maximalen Maße einer Vorfertigung von zwei Dingen bestimmt: zum einen von den vorhandenen Werkstattgrößen und zum anderen von den überhaupt möglichen Transportkapazitäten. Je größer beide Dinge sind, um so größer können die vorgefertigten Elemente sein. Fertighaushersteller produzieren ihre Häuser nach einem Baukastensystem sozusagen am Fließband. In der Regel halten sie auch eigene Transportkapazitäten vor, mit denen sie alle gängigen Baustellen anfahren können.

Beim individuell gefertigten Holzhaus kommt es ganz auf das beauftragte Zimmerei-Unternehmen an, welche Werkstattgröße und Transportlogistik vorhanden ist. Erfahrene Zimmereien können dies aber von vornherein einschätzen und eine entsprechende Modulbauweise empfehlen. Darüber hinaus können solche Daten bereits auch bei der Einholung eines Angebotes abgefragt werden. Schlüsselfertiganbieter, auch hierunter gibt es viele Zimmereien und unter anderem den Qualitätszirkel der Zimmermeister-Häuser, haben, ähnlich wie die Fertighausanbieter, gewisse Erfahrungswerte und ihre Hauskonzepte hierauf abgestimmt.

**Entscheidend: ökonomische und witterungsbedingte Gründe**

So gibt es rein technisch gesehen eher wenige Anhaltspunkte für einen sinnvollen Grad der Vorfertigung. Je höher die Vorfertigung in der Werkstatt, umso präziser kann aber in der Regel gearbeitet werden. Entscheidend sind eher ökonomische und witterungsbedingte Gründe. Je höher der routinemäßige Vorfertigungsgrad in der Werkstatt, umso geringer wird die individuelle Aufbauzeit und umso geringer werden damit die Kosten.

Und hinsichtlich der Witterung ist zu berücksichtigen, dass Holzbauten auf keinen Fall bei Regen aufgerichtet werden sollten. Im Frühjahr und Herbst mit den Unwägbarkeiten des Wetters hat daher ein hoher Vorfertigungsgrad in der Werkstatt viele Vorteile.

**Anschlüsse**

Wichtig: Dichtigkeit

Die Anschlüsse der Ausbauelemente im Holzbau, wie zum Beispiel Fenster und Türen etc., werden ebenfalls vorwiegend über Montageplatten mit der Grundkonstruktion verschraubt. Auch dies geht schnell und einfach. Wichtig ist hierbei, dass der Dichtigkeit der Anschlüsse erhöhte Aufmerksamkeit geschenkt wird, durch saubere Anschlussmontage, gute Anarbeitung aller Folien und abschließendes Eindichten. Im Falle der Holztafelbauweise sind die Fenster und Türen bei Anlieferung auf die Baustelle meist schon in den einzelnen Wandelementen montiert. Auch andere Ausbauelemente wie Sanitärgegenstände, Wandverkleidungen etc., werden über Schraubverbindungen fest mit der Holzrahmenkonstruktion verankert.

**Fundamentierung**

Verbindung über Stahlanker

Nicht zuletzt im Bereich des Fundaments bzw. der Kellerdecke, dort also, wo der Holzbau seinen Fußpunkt hat, wo er also auf der Bodenplatte oder den Fundamenten verankert ist und wo er zumeist mit dem Baustoff Beton verbunden werden muss, wird die gesamte Holzrahmenkonstruktion über entsprechende Stahlanker fest mit dem Unterbau verbunden.

Die Fundamentierung des Holzbaus erfolgt wie bei allen anderen Bauten entweder über eine Unterkellerung mit Betonfundament und gemauerten oder betonierten Kellerwänden oder aber direkt über ein ebenerdiges Fundament, zum Beispiel Streifenfundament.

Montage direkt auf die Kellerdecke

Bei einem Kellerunterbau werden die Grundbohlen, also die liegenden Kanthölzer, die den unteren Abschluss eines Rahmens bilden, direkt auf die Kellerdecke montiert. Entweder in der Form, dass die Fußbohlen über Stahlwinkel auf die Bodenplatte geschraubt werden, oder über in den Beton eingelassene Gewindestangen, die mit den Grundbohlen verankert werden. Zum Schutz dieses Schwellholzes gegen Feuchtigkeit aus Baustellenwasser oder plötzliche Regenfälle während der Bauphase wird das Holz von unten mit einer besandeten Bitumenpappe unterlegt. Der Ausgleich zwischen dem Schwellholz und der meist etwas unebenen Betondecke wird in der Regel mit Hartholzklötzen und einem Mörtelbett hergestellt.

**Stahlfußanker**

Bei aufgeständerten Holzbauten, deren Fußpunkte ungeschützt im Freien stehen, werden diese über Stahlfußanker, in denen die aufgehenden Holzbalken geschützt vor Feuchtigkeit und gut umlüftet sind, montiert. Während die Stahlfüße so mit ihrem oberen, winkelförmigen Ende das Holz sicher halten, werden sie mit ihrem unteren Ende, einem Rundstahl, noch während des Betoniervorgangs direkt in den Beton eingebracht.

## Gebäudetechnische Installationen

**Erhöhte Aufmerksamkeit erforderlich**

Im Gegensatz zu konventionellen Gebäuden in Massivbauweise ist beim Holzbau den Installationen in mehrfacher Hinsicht erhöhte Aufmerksamkeit zu schenken. Dies gilt sowohl für die Elektroinstallation, wie auch für die Heizungs- und Sanitärinstallation. Zwar werden im Fertigbau die Installationen vielfach schon in der Fabrik fix und fertig in die Wände eingelassen und montagefertig auf die Baustelle geliefert, trotzdem ist es gut, die technischen Zusammenhänge zu kennen. Die Möglichkeiten einer Einflussnahme auf die Leitungsführung durch den Käufer sind gering.

**Elektroinstallation**

„Aufputz" oder „Unterputz"

Genau wie beim konventionellen Bauen, gibt es auch im Holzbau die grundsätzliche Möglichkeit, Elektroleitungen entweder in der Wand oder auf der Wand zu verlegen. Während die „Aufputz"-Variante, also das Verlegen der Elektroleitungen auf der Holzrahmenbeplankung relativ einfach zu bewerkstelligen ist und nur verschiedentliche Wanddurchbohrungen benötigt, ist die Installation von Innwandleitungen etwas aufwändiger. Hierbei werden Elektroleitungen innerhalb der beiden Wandverschalungen geführt, und zwar längs der Wandachse genau in der Mitte der Wand, um Verletzungen bei späteren Bohrungen etc. zu vermeiden. Bei dieser Innwandinstallation durchstoßen die Leitungen naturgemäß alle Rahmen-Ständerhölzer der Wandunterkonstruktion. Hierzu werden entsprechende Bohrungen in die Ständerhölzer gesetzt.



Leitungsführung

Werden mehrere Leitungsführungen benötigt, werden entsprechende Bohrungen untereinander gesetzt, so dass das Ständerholz nicht in der Tragfähigkeit seines Querschnitts geschwächt wird. Die Bohrungsdurchmesser müssen hierbei auf die Querschnitte der Ständerhölzer abgestimmt werden, was bei der Leitungsführung einzelner Kabel unproblematisch ist, bei der gewünschten Installation von Leerrohren allerdings gewisse Einschränkungen bedeuten kann. Eine Alternative aus beiden Lösungen kann auch die Leitungsführung in Bodenleisten-Kanälen bzw. Deckenkanälen sein. All dies muss der Hersteller sehr frühzeitig in der Planung berücksichtigen, damit später eine klare Leitungsführung und saubere Details entstehen.

Hinsichtlich des Brandschutzes ist für die Installation von Elektroleitungen mindestens die Qualität NYM zu verwenden. Falls Leitungen auf den Holztafeldecken verlegt werden, zum Beispiel als Lichtanschlusszuleitungen für darunterliegende Räume, müssen sie in jedem Fall gegen Trittbelastung geschützt werden.

**Eine zentrale Elektroerschließung ist zu empfehlen**

Eine zentrale Elektroerschließung des ganzen Hauses, die vom Hausanschlussraum über verschiedene Verteilerkanäle sowohl vertikal wie auch horizontal durchs Haus geführt wird, ist zu empfehlen.

**Heizung**

Grundsätzlich können im Holzbau alle Heizungssysteme verwendet werden, die auch bei konventionellen Bauten in Massivbauweise zum Einsatz kommen. Die Heizzentralen sitzen in der Regel entweder im Keller oder unter dem Dach. Diese Räume sind brandschutz- und lüftungstechnisch entsprechend auszustatten, was aber selbst bei einem Holzdachraum gut zu bewerkstelligen ist. Die Leitungsführung einer Heizungsinstallation in einem Holzbau ist nicht immer ganz so elegant zu verstecken wie die Elektroinstallation. Trotzdem kann der Hersteller auch hier durch grundlegende und frühe Planung eine Optimierung erzielen.

**Vor- oder Innwandinstallationen der Heizrohre**

Selbstverständlich gibt es auch hier die Möglichkeit, eine Vor- oder Innwandinstallation der Heizrohre zu wählen. Im Bereich der Heizungsinstallation ist zu unterscheiden zwischen der vertikalen und der horizontalen Verteilung der Leitungen im Gebäude. Die vertikale Erschließung erfolgt am sinnvollsten durch einen entsprechenden Installationsschacht, der die Leitungen direkt vom Keller bzw. dem Dachboden (je nachdem, wo das Brennergerät steht) in die einzelnen Geschossebenen führt. Von dort müssen sie dann jeweils horizontal in die einzelnen Räume geführt werden.

Vielfach werden hier Führungen auf den Holztafeldecken gewählt, weil diese am einfachsten planbar und am preiswertesten sind. Dies hat aber den nicht unerheblichen Nachteil, dass die Rohre nach dem vollständigen Innenausbau dann unter dem Estrich liegen, was Reparaturen und Wartungsmaßnahmen (auch die regelmäßige Kontrolle der Dichtigkeit etc.) behindern kann. Insbesondere für den Bereich der Führung der Heizungsinstallation kann es interessant sein, auf das Prinzip der Bodenleisten-Kanäle zurückzugreifen.

**Einfache Zugänglichkeit der Heizleitungen**

Dies bedeutet zwar etwas längere Leitungswege und gewisse Mehrkosten, es sichert aber die einfache Zugänglichkeit der Heizleitungen und ist, wenn es von Anfang an in die konkrete Planung der Heizkörperanordnung und Leitungszuführung mit einbezogen wird, eine sinnvolle Alternative. Insofern Elektro- und Heizleitungen in einem Kanal geführt werden, ist darauf zu achten, dass die Elektroleitungen ausreichend geschützt sind gegen Hitze.



Besonders wichtig ist, dass die Heizungsinstallation wärmegedämmt ist und mit schallisolierenden Schellen erfolgt und die Heizrohre in ausreichendem Abstand zu umliegenden Konstruktionen verlegt sind.

**Heizkörperinstallation in Wandbereichen**

Die Heizkörperinstallation an sich erfolgt dann in Wandbereichen, die für die Aufnahme der Lasten ausreichend vorbereitet sind, zum Beispiel indem eine zusätzliche Schichtholzplatte (ca. 16 mm stark) vor der Montage der Außenbeplankung zwischen zwei Ständerhölzer eines Wandrahmentragwerks eingebaut wird.

### Sanitär

**In vertikalen Korridoren zusammenfassen**

Sanitärinstallationen bieten im Gegensatz zu Heizungsinstallationen den großen Vorteil, dass sie nicht in alle Räume geführt werden müssen. So gibt es die Möglichkeit, bereits in einer frühen Phase der Planung alle Sanitär- und Nassräume wie Küchen- oder Hauswirtschaftsräume in vertikalen Korridoren zusammenzufassen, um eine möglichst einfache Zu- und Abwasserleitungsführung zu erreichen.

**Nutzung identischer Installationsschächte**

Ähnlich wie bei der Heizungsinstallation erfolgt auch hier die Leitungsführung von der zentralen Brauchwassererwärmung über vertikale und schließlich horizontale Erschließungen zu den Sanitär- und Nassräumen. In der vertikalen Erschließung werden nach Möglichkeit zumeist die identischen Installationsschächte genutzt, in denen auch die Heizungsrohre geführt werden. In der horizontalen Erschließung werden allerdings in der Regel vorgestellte Installationswände genutzt, in denen zum einen ausreichend Platz ist für die Zu- und Abwasserführung, an deren Tragwerk zum anderen auch problemlos alle Sanitärgegenstände wie Waschbecken, WCs etc. befestigt werden können.

**Vorgestellte Installationswände**

Diese vorgestellten Installationswände können entweder über die gesamte Raumhöhe reichen oder aber nur über etwa die Hälfte, und dann nach oben hin als Ablage abschließen. Bei beiden Ausführungen ist es sinnvoll, die vorgestellten Installationswände schalltechnisch von den Hauswänden abzukoppeln, indem die Verbindungen beider Bauelemente zum Beispiel über schallschluckende Laschen erfolgt. Zudem sollten solche vorgestellten Installationswände nur mit dem Rahmentragwerk der dahinterliegenden Hauswand verbunden werden und nicht zusätzlich auch noch mit dem Boden etc. Dies hat schalltechnische Vorteile und es verhindert, dass bei unterschiedlichen Bewegungen tragender und nicht tragender Bauteile eine Rissbildung auftritt.

# Kapitel 5
# Herstellerüberprüfung und Vertragsgestaltung

**Unabhängige fachliche und wirtschaftliche Überprüfung**

Vor Vertragsabschluss sollten Sie hinsichtlich des in Frage kommenden Hausherstellers einige wichtige Dinge klären. Dazu gehören die unabhängige fachliche und wirtschaftliche Überprüfung Ihres zukünftigen Vertragspartners genauso wie die Vertragsgestaltung. Darüber hinaus sollten Sie sich gute Kenntnisse über mögliche zusätzliche Kosten verschaffen.

## Unabhängige Überprüfung des Hausanbieters

**Einsicht ins Handelsregister**

Wichtig für Sie ist vor allem, die Seriosität des Fertighausherstellers zu überprüfen. Hierzu gibt es mehrere sinnvolle Schritte: Zum einen können Sie das Handelsregister bei dem entsprechenden Amtsgericht einsehen, in dessen Amtssitz Ihr Hausanbieter ansässig ist. Sie können sich seitens dieses Amtsgerichts auch eine Kopie der Eintragung zukommen lassen. Aus diesen Eintragungen erfahren Sie verschiedene Basisdaten über das Unternehmen, so zum Beispiel das Gründungsjahr (wie viel Erfahrung hat das Unternehmen?), die Namen der Gesellschafter (wer leitet das Unternehmen? Fachleute?), den Hauptsitz und die Rechtsform des Unternehmens (zum Beispiel AG, GmbH oder OHG?). Beim Amtsgericht können Sie auch die Protokolle der Gesellschafterversammlungen einsehen und sich damit zum Beispiel über den laufenden Geschäftsbetrieb informieren etc.

**Wirtschaftsauskunfteien**

Darüber hinaus sollten Sie Informationen über die wirtschaftliche Situation und über Auffälligkeiten eines Unternehmens einholen. Dies kann besonders dann sinnvoll sein, wenn das Unternehmen einen unseriösen Eindruck macht oder man sichergehen will, dass nicht eine Insolvenz unmittelbar bevorsteht. Wirtschaftsauskunfteien finden Sie unter diesem Stichwort im Telefon-Branchenverzeichnis „Gelbe Seiten“ Ihrer Region.

Große Wirtschaftsauskunfteien wie zum Beispiel Creditreform stehen mit ihren gebührenpflichtigen Auskünften in der Regel jedoch nur Mitgliedern und Firmenkunden offen. Über das Onlineportal Baunetz (www.baunetz.de) besteht ebenfalls die Möglichkeit, eine Wirtschaftsauskunft zu erhalten. Baunetz kooperiert hier mit der Wirtschaftsauskunftei Bürgel.

Auch der Bauherren-Schutzbund bietet seinen Mitgliedern Wirtschaftsauskünfte über in Frage kommende Baupartner. Wichtige Informationen sind beispielsweise das Zahlungsverhalten, Geschäftszahlen oder eine Einschätzung über die Wahrscheinlichkeit einer Insolvenz des Unternehmens.

**Verlangen Sie vom Hersteller eine Referenzliste**

Und schließlich sollten Sie vom Hersteller eine Referenzliste bereits erstellter und im Bau befindlicher Häuser verlangen. Fahren Sie auf die Baustellen, sprechen Sie mit den Erwerbern, die gegenwärtig mit Ihrem zukünftigen Vertragspartner bauen. Hier können Sie sozusagen „live" miterleben, in welcher Weise Ihr zukünftiger Vertragspartner eine Baustelle abwickelt und wie die Zusammenarbeit mit dem Kunden klappt. Besuchen Sie auch die Fertigungsstätte des Hausanbieters. Hier sehen Sie, auf welche Weise die Häuser hergestellt werden und welchen Eindruck die Fabrikationsstätte auf Sie macht. Ist diese zum Beispiel schmutzig oder sauber? Unaufgeräumt oder ordentlich? Ist ausgebildetes Fachpersonal anwesend oder angeheuerte Hilfskräfte? Gibt es veraltete Maschinen oder einen modernen Maschinenpark?

**Visiten bei Referenzobjekten**

Sie können gerade auch durch solche vorbeugenden Visiten bei Referenzobjekten, bei anderen Erwerbern, auf aktuellen Baustellen und auch in den Fabrikationsanlagen sehr viel selbst tun, um einen Eindruck von Ihrem Vertragspartner zu gewinnen. Nehmen Sie sich diese Zeit, Ihren potenziellen Vertragspartner gründlich zu prüfen.

## Gütegemeinschaften und Zertifizierungen

**Freiwillige Qualitätszirkel**

Neben den gesetzlichen Rahmenbedingungen, wie dem Eintrag des Unternehmens im Handelsregister des zuständigen Amtsgerichts oder dem Nachweis bei der Industrie- und Handelskammer, gibt es auch eine ganze Reihe freiwilliger Qualitätszirkel, die die Fertighausbauer von sich aus gegründet haben und pflegen. Die wichtigsten sind (Anhang, Seite 188):

- die Gütegemeinschaft Blockhausbau e.V.,
- die Gütegemeinschaft energieeffiziente Gebäude e.V.,
- Die Gütegemeinschaft Holzbau – Ausbau – Dachbau e.V.
- die Qualitätsgemeinschaft Deutscher Fertigbau e.V. (QDF),
- die Bundes-Gütegemeinschaft Montagebau und Fertighäuser e.V. (BMF),
- die Vereinigung ZimmerMeisterHaus,
- die Gütegemeinschaft Fertigkeller e.V. (GÜF) sowie

**Gütegemeinschaft Blockhausbau e.V.**

Der Deutsche Massivholz und Blockhausverband e.V. (DMBV) hat zur Gütesicherung die RAL-Gütegemeinschaft Blockhausbau e.V. ins Leben gerufen. Beim DMBV handelt es sich um einen Zusammenschluss deutscher Hersteller von Blockhäusern und Massivholzhäusern.

**Zwei Gütezeichen**

Der Güteschutz für die Herstellung von Massivholz- und Blockhäusern umfasst zwei Gütezeichen:

1. Gütezeichen für die Herstellung von Blockhäusern

   In den Güte- und Prüfbestimmungen wird festgelegt, welche Holzarten zum Blockhausbau verwendet werden dürfen. Der maximale Feuchtegehalt ist eine weitere wichtige Anforderung an das Holz. Die Ausbildung der Eckverbindungen der Außenwände sowie der Dach-, Wand- und Fensteranschlüsse werden ebenfalls festgelegt. Auch für den Holzschutz werden Anforderungen formuliert.

2. Gütezeichen für die Montage von Blockhäusern

   Nur Firmen, die das Gütezeichen für die Herstellung von Blockhäusern führen, dürfen auch das Gütezeichen für die Montage von Blockhäusern führen, da die Regeln für die Güteüberwachung der Montage auf denen der Herstellung aufbauen. Die Montage darf beispielsweise nur von qualifizierten Mitarbeitern durchgeführt werden. Weitere wichtige Punkte sind die Montage der Fenster und Türen sowie die Dichtigkeit und Dämmung von Fassade und Dach.

**Gütegemeinschaft energieeffiziente Gebäude e.V.**
Hierbei handelt es sich um eine bundesweit tätige Prüforganisation, die mit unabhängigen Sachverständigen die energetische Qualität von Planung oder Bauausführung von Neubauten prüft. Sie vergibt das RAL-Gütezeichen Nr. 965, eine patentrechtlich geschützte Kennzeichnung für Gebäude mit hoher energetischer Qualität.

**Bundesweit tätige Prüforganisation**

**Gütegemeinschaft Holzbau – Ausbau – Dachbau e.V.**
Die Gütegemeinschaft Holzbau – Ausbau – Dachbau e.V. vergibt gemeinsam mit der Bundes-Gütegemeinschaft Montagebau und Fertighäuser e.V. (BMF) und der Gütegemeinschaft Deutscher Fertigbau e.V. (GDF) das Holzbau Gütezeichen RAL GZ 422.

**Qualitätsgemeinschaft Deutscher Fertigbau e.V. (QDF)**
Die Qualitätsgemeinschaft Deutscher Fertigbau (QDF) besteht aus dem Zusammenschluss der Mitgliedsfirmen des Bundesverbandes Deutscher Fertigbau (BDF). Sie

haben sich verpflichtet, über die gesetzlichen Bestimmungen hinausgehende Anforderungen an Bauweise, Fertigung und verwendete Materialien zu erfüllen.

**Bundes-Gütegemeinschaft Montagebau und Fertighäuser e.V. (BMF)**

Bauaufsichtliche Anforderungen

Die Bundes-Gütegemeinschaft Montagebau und Fertighäuser e.V. (BMF) ist eine RAL-Gütegemeinschaft für Holz-Fertighaushersteller in Holztafelbauweise. Die Produkte der Mitglieder werden hinsichtlich Übereinstimmung mit bauaufsichtlichen Anforderungen wie zum Beispiel Standsicherheit, Brandschutz, Hygiene, Gesundheitsschutz und Umweltschutz, Nutzungssicherheit, Schallschutz, Energieeinsparung und Wärmeschutz geprüft. Dies erfolgt sowohl durch eigene Produktionskontrolle der Mitglieder als auch durch unangemeldete Fremdüberwachung zweimal im Jahr. Als Nachweis der Übereinstimmung mit den technischen Regeln müssen sämtliche Holztafeln gekennzeichnet werden.

Außerdem erhalten alle Holzbauteile, deren Güte gemäß den gültigen Prüfbestimmungen gesichert ist, das Gütezeichen „Holzbauteile für Montagebau und Fertighäuser" RAL GZ-422-1 und 422-2. Hierzu wird zum Beispiel geprüft, ob für die zum Zeitpunkt der Prüfung hergestellten Bauteile Standsicherheitsnachweise, Wärme- und Feuchteschutznachweise, Schall- und Brandschutznachweise vorliegen und die U-Werte der Außenbauteile eingehalten werden. Außerdem wird das eingesetzte Holz hinsichtlich Holzfeuchte kontrolliert sowie das Luftdichtigkeitskonzept der Gebäudehülle.

**Vereinigung ZimmerMeisterHaus**

Die Vereinigung ZimmerMeisterHaus ist ein Zusammenschluss selbstständiger Unternehmer des Zimmererhandwerks. Der Schwerpunkt liegt hierbei auf dem individuellen und qualitätsbewussten Holzhausbau.

**Gütegemeinschaft Fertigkeller e.V. (GÜF)**
Die Gütegemeinschaft Fertigkeller e.V. ist ein kleiner Verein mit wenigen Mitgliedsunternehmen. Ziel ist die Qualitätssicherung bei der Herstellung von Fertigkellern und der Dienstleistung bei der Montage vor Ort.

Eigenes RAL-Zeichen

Die Gütegemeinschaft verfügt über ein eigenes RAL-Zeichen. Das Nutzungsrecht besteht für die Mitglieder bei Einhaltung der Güte- und Prüfbestimmungen. Diese Überwachung erfolgt durch unabhängige Sachverständige sowohl im Werk als auch vor Ort auf der Baustelle.

Die Internetadressen der Gütezeichen

Gütegemeinschaft Blockhausbau e.V.:
▸▸ www.dmbv.de

Gütegemeinschaft energieeffiziente Gebäude e.V.
▸▸ www.guetezeichen-neh.de

Gütegemeinschaft Holzbau – Ausbau – Dachbau e.V.
▸▸ www.ghad.de

Qualitätsgemeinschaft Deutscher Fertigbau e.V. (QDF)
▸▸ www.bdf-ev.de

Bundes-Gütegemeinschaft Montagebau und Fertighäuser e.V. (BMF)
▸▸ ww.guetesicherung-bau.de

Vereinigung ZimmerMeisterHaus
▸▸ www.zmh.com

Gütegemeinschaft Fertigkeller e.V.
▸▸ www.kellerbau.info

Mitgliedschaft in Gütegemeinschaft prüfen

Bei der Überprüfung Ihres zukünftigen Vertragspartners können Sie auch Informationen einholen, ob er Mitglied in einer der genannten Gütegemeinschaften ist. Diese Gütegemeinschaften und ihre Richtlinien alleine sagen über die konkret erbrachte Leistung bei einzelnen Bauvorhaben zwar noch nicht viel aus, sie sind jedoch ein Indiz dafür, dass Ihr Fertighausanbieter zumindest bereit ist, sich der unabhängigen Überprüfung eines Fachausschusses zu stellen.

**Dachorganisationen**

Außer den Gütegemeinschaften gibt es auch die Dachorganisationen im Bereich des Fertigbaus. Dies sind bei den Holz-Fertighausanbietern in Deutschland gleich zwei: zum einen der Bundesverband Deutscher Fertigbau (BDF), zum anderen der Deutsche Fertigbauverband e.V. (DFV). Alle Adressen und Anschriften der Verbände finden Sie im Anhang. Die Dachorganisationen sind aber nur Interessenvertreter der Fertighausanbieter und daher für Sie als unabhängiger Verbraucher eher von nachgeordnetem Interesse. Trotzdem ist es sinnvoll, Ihren Fertighausanbieter anzusprechen, ob er Mitglied in einem der Dachverbände ist, und wenn nicht, nachzufragen, warum er es nicht ist.

**RAL-Zertifizierungen**

Einige der Gütegemeinschaften des Fertigbaus vergeben so genannte RAL-Zertifizierungen. Diese RAL-Zertifizierungen sollen einen Anhaltspunkt für die Qualität eines Produktes liefern.

**Was ist ein RAL-Zertifikat?**
RAL ist eine alte Buchstabenkombination und stand zu Zeiten der Weimarer Republik für „Reichsausschuß für Lieferbedingungen“. Dieser wurde 1925 ins Leben gerufen. Auch nach dem Zweiten Weltkrieg blieb man dieser Buchstabenkombination treu. Daher führt die heutige Nachfolgeinstitution den vollständigen Namen: „RAL – Deutsches Institut für Gütesicherung und Kennzeichnung e.V.“. Diese Einrichtung ist ein Spitzenverband von über 100 Mitgliedsverbänden des Handwerks, der Industrie und auch des Verbraucherschutzes sowie staatlicher Einrichtungen der Bundesrepublik Deutschland, der die Qualität von Produkten überwacht und gegen Nichteinhaltung auch vorgeht.

Diese Institution vergibt unter anderem so genannte Zertifikate. Die RAL-Zertifizierung im Fertighausbau bedeutet im Grunde, dass sowohl die Produktion, wie auch das zu produzierende Produkt einer regelmäßigen Qualitätskontrolle unterzogen werden. Bei dieser unabhängigen Kontrolle der Fertighaushersteller werden verschiedene Aspekte des laufenden Hausbaus überprüft. Hinsichtlich der Produktion wird zum Beispiel bei Holz-Fertighausherstellern die Holzfeuchte und der Holzschutz des verarbeiteten Materials überprüft, hinsichtlich des zu erstellenden Produkts zum Beispiel die Statik, der Wärmeschutz oder auch der Schall- und Brandschutz.

**Regelmäßige Qualitätskontrolle**

Diese Zertifizierungen sind u.a.:

**Zertifizierungen**

- beim Blockhausbau das RAL GZ 402-1 und 402-2
- beim Niedrigenergiehausbau das RAL-GZ 965
- beim Fertigkellerbau das RAL GZ 518



Damit kennen Sie die wichtigsten Eckpunkte für eine unabhängige Herstellerüberprüfung. Vergleichen Sie gerade auch in diesen Punkten die einzelnen Hersteller untereinander. Wer hat eine entsprechende Zertifizierung und wer nicht?

## Die Bemusterung

Wenn Sie einen Hersteller und einen Haustyp in die engere Wahl gezogen haben, steht vor dem Vertragsabschluss die so genannte Bemusterung an. Als Bemusterung bezeichnet man den Vorgang, bei dem Sie gemeinsam mit Ihrem Fertighausanbieter alle Ausstattungsvarianten festlegen, die Sie für Ihr Fertighaus wünschen. Dies betrifft u.a.:

- Außenverkleidungen (zum Beispiel Putz, Verklinkerung, Art der Holzverschalung etc.),

**Ausstattungsvarianten festlegen**

- Dachdeckung,
- Form und Materialien der Außenbauteile wie Gauben, Balkone, Terrassen, Hauseingangstreppe,
- Außentüren und Innentüren,
- Fenster,
- Bodenbeläge,
- Wandausstattungen,
- Sanitärgegenstände,
- Armaturen,
- Heizkörper,
- Heizsystem sowie
- Elektroausstattung.

Sie können hierzu in einer entsprechenden Ausstellung alle Stücke, bei denen Sie vor einer Entscheidung stehen, in Ruhe begutachten und dann wählen. Ob es nun Waschbecken oder Heizkörper oder Türen oder auch Fliesen und Dachdeckungen sind.

**Tipp**

Ist der Fertighausanbieter nicht bereit, eine Bemusterung vor Vertragsabschluss durchzuführen, wegen des damit für ihn entstehenden Aufwandes, ohne dass er weiß, ob Sie das Haus letztlich kaufen, bieten Sie einfach an, die Personalkosten der Bemusterung zu übernehmen (z.B. 1-Mann-Tag = max. 80 Euro Stundensatz brutto x 8-Stunden = 640 Euro brutto). Kaufen Sie das Haus später, sollte der Betrag aber natürlich mit der Kaufsumme verrechnet werden.

**Bemusterung auf jeden Fall *vor* Vertragsabschluss**

Die Bemusterung sollten Sie in jedem Fall vor Vertragsabschluss mit dem Fertighausbauer durchführen. Nur dann haben Sie die Möglichkeit, über Preisnachlässe zu verhandeln oder bei erheblichen Mehrkosten gegenüber Ihren Preisvorstellungen von einem Vertragsabschluss abzusehen. Auch Irritationen über Ausstattungsstandards können während der Bemusterung endgültig ausgeräumt werden, also etwa, welcher Fliesenbelag in welchen Räumen Standard ist und welcher eine Zusatzausstattung darstellt. Weiterhin wichtig ist auch, dass Sie Ihre bei der Bemusterung geäußerten Wünsche schriftlich festhalten und diese gegenzeichnen lassen und zum Vertragsbestandteil des Kaufvertrages machen.

**Halten Sie Ihre Wünsche schriftlich fest**

**Die Bemusterung umfasst z.B. Treppen, ...**

**... die komplette Badeinrichtung, ...**

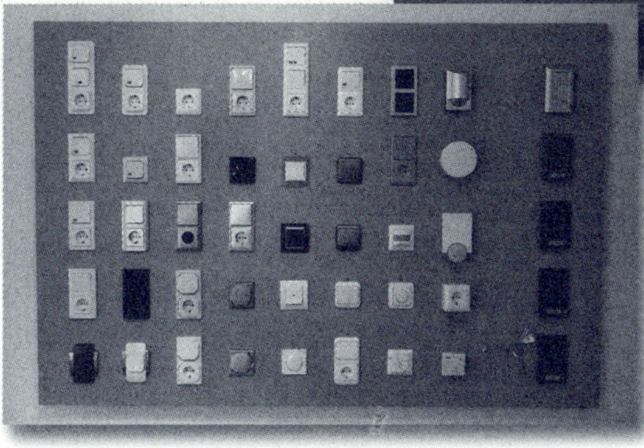

**... die Elektroinstallationen, ...**

... die Haustüren und ...

... Dachdeckung und Fassade

**Nehmen Sie sich Zeit**

Nehmen Sie sich für die Bemusterung Zeit und scheuen Sie sich auch nicht davor, nach anderen als den angebotenen Ausstattungsvarianten und deren Kosten zu fragen. Wichtig ist, dass alles umfassend geklärt ist. Hierzu kann Ihnen auch die Abnahme-Checkliste im Anhang helfen. Ferner ist wichtig, dass Sie alle Materialien nicht nur auf kleiner Fläche sehen (also zum Beispiel nur eine Fliese in der Hand haben), sondern auch auf großer Fläche (also viele Fliesen ausgelegt). Außerdem ist es wichtig, dass Sie die Bemusterung bei Tageslicht und unter Tageslichtbedingungen vornehmen, um Farben und Oberflächenbeschaffenheiten gut sehen zu können.

## Die Vertragsgestaltung

Der Kaufvertrag über ein Fertighaus muss nicht vom Notar beurkundet werden, weil Sie mit dem Fertighaus ein Produkt erwerben, nicht aber gleichzeitig ein Grundstück oder eine Liegenschaft. Wäre dies der Fall, würden Sie also von einem Fertighaushersteller nicht nur ein Fertighaus, sondern auch ein dazugehöriges Grundstück kaufen, dann müsste der Kaufvertrag vom Notar beurkundet werden.

**Beurkundung vom Notar ist nicht erforderlich**

Bevor Sie den Kaufvertrag über ein Fertighaus abschließen, haben Sie in der Regel den Kaufvertrag über das Grundstück abgeschlossen und in den meisten Fällen werden Sie auch noch einen Kaufvertrag zur Lieferung und Errichtung eines Kellers abschließen. Bei vielen Massiv-Fertighausherstellern kann der Keller mitgeliefert werden, bei anderen Fertighausanbietern ist dies nicht der Fall. Hier gilt der Kaufpreis meist erst ab „Oberkante Keller" oder aber ab „Oberkante Bodenplatte".



Hinsichtlich des Kaufvertrages eines Fertighauses gibt es – ähnlich wie bei anderen Produkten – kein generelles Rücktrittsrecht. Das heißt, wenn Sie den Kaufvertrag unterzeichnet haben und danach aus bestimmten Gründen hiervon wieder zurücktreten wollen, kann das mit großen Problemen und hohen Kosten verbunden sein. Beispielsweise kann Ihnen der Fertighaushersteller Rücktrittsgebühren in Rechnung stellen oder Schadensersatzansprüche geltend machen. Klären Sie deshalb immer zunächst die Bebauungsmöglichkeiten des Grundstücks, bevor Sie sich für ein Fertighaus entscheiden, und lassen Sie auch den Hersteller prüfen, ob sein Gebäude auf Ihrem Grundstück errichtet werden kann. Nehmen Sie in den Kaufvertrag auf, dass der Hersteller die Zulässigkeit geprüft und bestätigt hat.

**Kein generelles Rücktrittsrecht**

Der Kaufvertrag eines Fertighauses setzt sich im Wesentlichen aus sechs Bestandteilen zusammen:

**Bestandteile des Kaufvertrags**

- der Kauf- und Liefervereinbarung inklusive eines kostenfreien Rücktrittsrechts (Seite 98) und der Bindefrist des Anbieters an seinen Angebotspreis,
- den allgemeinen Geschäftsbedingungen des Anbieters,
- der Bau- und Leistungsbeschreibung inklusive allen Sonderwunsch- und Bemusterungsvereinbarungen,
- den Technischen Merkblättern u.a. für Schnittstellengewerke wie den Kellerbauer oder das Legen der Hausanschlüsse etc,
- sämtlichen Plan- und Detailanlagen sowie
- ausdrücklichen Garantieerklärungen, Gewährleistungen und Wartungsvereinbarungen, zum Beispiel für die Heizung.

**Tipp**

Die Außenhülle von Holz-Fertighäusern wird oft in wenigen Tagen errichtet. Der Innenausbau dauert jedoch unter Umständen noch einige Monate. Hier müssen ggf. klare Baustellenregelungen getroffen werden. Näheres hierzu erfahren Sie im Titel „Richtig bauen: Ausführung" der Verbraucherzentralen.

### Die Kauf- und Liefervereinbarung

**Einzuhaltende Termine und Kosten**

Diese Vereinbarung umfasst insbesondere die Lieferbedingungen, die Leistungsbeschreibung, die einzuhaltenden Termine und die anfallenden Kosten. Bei den Lieferbedingungen ist exakt festzulegen, was in welchem Rahmen wann und wie geliefert wird. Also zum Beispiel das komplette Anliefern des gesamten Fertighauses an die Baustelle. Auch das Abladen, Stellen und Lagern bis zum Verbau auf der Baustelle muss klar geregelt sein.

**Lieferung und Vorhaltung der Baustelleneinrichtung**

Neben der Lieferung des reinen Produkts muss auch die Lieferung und Vorhaltung der zum Verbau benötigten Baustelleneinrichtung geklärt sein, also zum Beispiel das Anliefern und Stellen der Baustelleneinrichtung inklusive Baustrom und Bauwasser, inklusive Bauzaun und Sanitärcontainer, inklusive aller Spezialwerkzeuge und Geräte etc. Manchmal wird die Baustelleneinrichtung auch vom Keller-Rohbauunternehmen mit übernommen und bleibt dann stehen, bis auch der Fertighausanbieter das Haus erstellt hat. Achten Sie darauf, dass dies vertraglich klar geregelt ist. In den Lieferbedingungen ist unter anderem auch auf Dinge wie die Baustellenzugänglichkeit (zum Beispiel erschwerte Baustellenzugänglichkeit) oder den Einsatz von Kranfahrzeugen etc. einzugehen. Außerdem müssen notwendig werdende Zwischenlagerungen von Material oder Straßenverkehrssicherung der Baustellenzufahrt etc. erwähnt werden. All dies sollte im Preis enthalten sein.

**Exakte Termine und Kostenangaben**

Des Weiteren muss die Kauf- und Liefervereinbarung exakte Termine und Kostenangaben beinhalten. Zu nennen sind hier vor allem die Liefer- und Fertigstellungstermine, sinnvollerweise auch Zwischentermine. Es ist hierbei allerdings auch Vorsicht geboten. Wenn Sie den Liefertermin auf einen bestimmten Tag festlegen, die Baugenehmigung zu diesem Zeitpunkt jedoch noch nicht vorliegt, wird es Probleme geben, weil das Haus dann noch nicht errichtet werden darf. Sinnvoller sind hier Festlegungen wie „Spätestens ... Werktage nach Erteilung der Baugenehmigung muss begonnen werden mit ... bzw. muss folgende Leistung erbracht sein bis ...“

Lassen Sie sich innerhalb des vertraglichen Terminrahmens auch Urlaubszeiten des Unternehmens bzw. seiner Handwerker vorlegen etc. Es ist sinnvoll, einen Bauzeitenplan als Vertragsbestandteil mit aufzunehmen.

**Umfassende Kostenregelung vertraglich festschreiben**

Bei den zu vereinbarenden Kosten ist es wichtig, dass Sie zum einen eine umfassende Kostenregelung vertraglich festschreiben, also was exakt für welche Leistung in welcher Währung netto und brutto zu entrichten ist, und zum anderen muss unzweifelhaft festgelegt sein, in welchen Raten Sie welche Summen zahlen müssen. Auch ein Sicherheitseinbehalt in Höhe von 5 % während der Gewährleistungszeit Ihrerseits sollte hier festgelegt werden. Ebenso sind Dinge wie die Festpreisgarantie und der Verzicht der Forderung einer durch Sie zu stellenden Bankbürgschaft zugunsten des Fertighausanbieters in diesen Passus vertraglich mit einzubinden. Nicht zu vergessen sind auch klare Regelungen der Beteiligung an Versicherungskosten seitens des Fertighauslieferanten im Rahmen der üblichen Bauversicherungen. Ausgeschlossen werden sollten pauschale Mehrkostenvereinbarungen z.B. aufgrund erschwerter Montagebedingungen. Gründe, die zu Mehrkostenansprüchen berechtigen, sollten detailliert benannt sein.

Vereinbaren Sie außerdem, dass keine Aufstellung bei Regen erfolgt, da das Holz dabei Schaden nehmen kann.

**Tipp**

Vereinbaren Sie bei Kaufverträgen immer ein kostenfreies Rücktrittsrecht. Dieses sollte mindestens so lange möglich sein, wie nicht klar ist, ob die Baugenehmigung bei den zuständigen Behörden auch durchkommt oder plötzliche Nachbareinsprüche das Bauvorhaben stark verzögern oder behindern etc.

Außerdem müssen Sie daran denken, Ihren Vertragspartner für ausreichend lange Zeit an seinen Hausangebotspreis zu binden. Bedenken Sie, dass das Einholen einer Baugenehmigung allein schon zwölf Wochen Zeit braucht. Halbjährige Bindungen an den Verkaufspreis sind das Mindeste, was Sie benötigen. Auch eine Erhöhung des Kaufpreises für die darauf folgenden sechs Monate muss klar festgelegt werden, zum Beispiel prozentual vom Netto- oder Bruttopreis des Hauses.

**Bindung an den Hausangebotspreis**

### AGB, VOB und BGB

Die Geschäftsbedingungen des Fertighausherstellers sind die seiner Arbeit zugrunde liegenden und von ihm aufgestellten allgemeinen Regeln seiner Geschäftstätigkeit. Er muss sich hierbei allerdings innerhalb eines gesetzlichen Rahmens bewegen und zwar innerhalb der §§ 305 ff. des BGB. Mit diesen Paragraphen wurde im Rahmen der großen Schuldrechtsreform vom Januar 2002 das Gesetz zur Regelung der Allgemeinen Geschäftsbedingungen (ABG-G) in das BGB integriert. Sofern der Fertighausanbieter Allgemeine Geschäftsbedingungen hat und diese den §§ 305 ff. des BGB nicht widersprechen, können sie vertraglich vereinbart werden. Hierzu müssen sie allerdings wirksam in den Kaufvertrag mit eingebunden werden. Sind sie es nicht, gilt nur das als vereinbart, was wirklich Aufnahme in den Vertrag gefunden hat. Im Zweifel gelten sonst die Regelungen des BGB. Wenn Ihnen seitens des Fertighausanbieters nicht genügend Zeit für eine ruhige Durchsicht seiner AGB gelassen wurde bzw. wenn diese Widersprüche zum BGB oder Lücken aufweisen, kommt ebenfalls das BGB-Recht zum Tragen.

**Allgemeine Regeln der Geschäftstätigkeit**

**Werkvertragsrecht nach BGB und die VOB**
Grundlage von Bauverträgen ist das Werkvertragsrecht des BGB. Dies umfasst die §§ 631 bis 651. Sie finden diese ganz einfach im Internet, im Gesetzesportal der Bundesregierung unter www.gesetze-im-internet.de.

Alle Regelungen, die in Bauverträgen getroffen werden und die von den Regelungen des BGB abweichen, sollte man sich sehr gut ansehen, denn meistens sind es BGB-einschränkende oder -relativierende Regelungen zum Nachteil des Verbrauchers. Die Regelungen des BGB-Werkvertragsrechts stehen Ihnen sozusagen grundsätzlich zu und diese Recht sollten Sie auch im Vertrag wahren und nicht ohne weiteres einschränken lassen. Das gilt vor allem für Rechte bei Mängeln, Geldeinbehalten, Zahlungszielen und Abnahme. Allgemeine Geschäftsbedingungen (AGB) müssen der Inhaltskontrolle nach dem BGB standhalten. Das heißt, den Bestimmungen der §§ 305 ff. des BGB.

Viele Jahre wurde die sogenannte VOB (Vergabe- und Vertragsordnung für Bauleistungen) als Allgemeine Geschäftsbedingung in Verbraucherverträgen genutzt, da sie von der Inhaltskontrolle nach dem BGB befreit war. Dies ist seit einem Urteil des BGH von 2008 und einer Novellierung des BGB von 2009 nicht mehr der Fall. Seither unterliegt auch die VOB bei Anwendung in Verbraucherverträgen der Inhaltskontrolle nach dem BGB. Da die VOB auch für Verbraucher nachteilige Regelungen enthält und die Verwendung solcher Regelungen noch ungeklärt ist, sollte man mit dem Abschluss von VOB-Verträgen bis zur gerichtlichen Klärung dieser Sachverhalte vorsichtig sein. Momentan geeigneter ist ganz klar ein Werkvertrag nach dem BGB.

## Leistungsbeschreibung und Baubeschreibung

### Die Leistungsbeschreibung

Exakte Darlegung des Fertigstellungsgrades

Bei der Leistungsbeschreibung und dem Leistungsumfang ist vor allem zu klären, was in welcher Art und Weise und in welchem Umfang an Bauleistungen erbracht wird. Hierzu gehört insbesondere die exakte Darlegung und Beschreibung des Fertigstellungsgrades bestimmter Gewerke (Werden die Gewerke beispielsweise in fix und fertiger Arbeit ausgeführt oder bleiben hier Endarbeiten zu tun? Beispiel: Wird gelieferter und eingebauter Parkettboden auch geschliffen und versiegelt? Werden die Bäder nach dem Fliesen und Einbau der Sanitärgegenstände auch endgereinigt? Wird das Bauwerk, soweit notwendig, nach Erstellung künstlich getrocknet?). Achten Sie darauf, dass vor allem hinsichtlich der fachgerechten Baudurchführung, wie auch hinsichtlich des Fertigstellungsgrades der Gewerke, die Bauleistungsbeschreibung keine Lücken aufweist.



Inbetriebnahme und Überprüfung von technischen Einrichtungen

Auch die Inbetriebnahme und Überprüfung von technischen Einrichtungen, wie zum Beispiel der Elektro- oder Heizungsversorgung, sollten ganz klar vertraglich gefasst werden. Hieraus dürfen Ihnen keine gesonderten Kosten entstehen. Selbst Wartungsvereinbarungen können in die Baueistungsbeschreibung mit aufgenommen werden oder aber später in die Garantieerklärung. Es ist beispielsweise sinnvoll, ein kostenfreies Wartungsabkommen für den ersten Winter bereits im Kaufvertrag mit abzuschließen, vor allem, wenn der Fertigstellungstermin des Hauses im Sommer liegt.

Auch die Planungs- und Baubetreuungsleistung muss festgelegt werden. Wird beispielsweise die gesamte Planung inklusive des Baugesuchs vom Fertighausanbieter erbracht oder müssen Sie sich darum selber kümmern? Gleiches gilt für die zu erbringende Statik und Prüfstatik, die Baugenehmigungskosten und vor allem auch für die Baubetreuung vor Ort. Steht Ihnen hier ein Bauleiter des Unternehmens zur Verfügung, und wenn ja, wann und wie oft? Sinnvoll ist zum Beispiel die Vereinbarung regelmäßiger Baustellentermine direkt im Kaufvertrag. Auch wenn die Bauzeit eines Fertighauses nur kurz dauert, ist es gut, wenn Sie regelmäßig klar benannte Ansprechpartner auf der Baustelle haben und diese vorher bereits auch schon kennen gelernt haben, zum Beispiel bei einem anderen Hausaufstellungstermin des Herstellers, den Sie sich zuvor angesehen haben.

Vereinbarung regelmäßiger Baustellentermine sinnvoll

### Die Baubeschreibung

Materialien + Verbauart + Konstruktionsweise

Die Baubeschreibung umfasst sämtliche zur Verwendung kommende Materialien, ihre Verbauart und Konstruktionsweise.

Gerade die Baubeschreibung ist in den meisten Verträgen viel zu ungenau und lässt zahlreiche Interpretationsspielräume zu. Nicht wenige Fertighausanbieter nutzen hier die baufachliche Unkenntnis des Verbrauchers aus. Nicht nur die Leistungsbeschreibung muss klar gefasst, auch die Qualität der zu erbringenden Leistung muss eindeutig beschrieben sein.

Vorteile beim Fertighaus

Der große Vorteil des Kaufs eines Fertighauses ist es, dass Sie die Werkplanung und Konstruktionsweisen des Hauses sowie die exakten Baumaterialien und Mengen bereits zum Zeitpunkt des Vertragsabschlusses sehr genau kennen können.

Ein weiterer Vorteil ist, dass Sie aufgrund Ihres Bemusterungsdurchganges alle zum Einsatz kommenden Materialien und Bauweisen vom Außenwandaufbau bis zur Sanitärinstallation bereits gesehen haben und wissen, was Sie für Ihr Geld bekommen. Wichtig ist jetzt nur noch, dass die zum Einsatz kommende Bauausführung exakt in Worte gefasst und in den Vertrag aufgenommen wird.

Bei der Baubeschreibung sollten Sie sich keinesfalls ablenken lassen von schwammigen Begriffen wie „hochwertige Materialien“ oder „deutsche Markenqualität“. Eine Baubeschreibung muss zweifelsfrei und klar darlegen, welche Materialien in welcher Konstruktionsweise wie verarbeitet und verbaut werden.

**Gliederung nach Gewerken**

Die Baubeschreibung sollte – wie im Folgenden dargestellt – nach Bauelementen oder Gewerken und zusätzlich nach gewerkeübergreifend zu erbringenden Leistungen gegliedert sein.

### Bauelemente – Beschreibungen und Festlegungen

- Kellergeschoss
  - Fundamente mit Konstruktionsweise und Materialeinsatz
  - Bodenplatte mit Konstruktionsweise, Unterbau, Materialeinsatz und Stärke
  - Dränage inkl. Dränagerohrführung und Kiesschüttung sowie Sickergrube
  - Kelleraußenwände inkl. U-Wert und Schallschutzwert
  - Kelleraußenwandabdichtung
  - Kelleraußentüren inkl. U-Wert
  - Kelleraußentreppen
  - Kellerfenster inkl. Fensterbänken, Rollladenkästen, Rollladen und Fensterschachtkästen sowie U-Wert
  - Kellerinnenwände inkl. Schallschutzwert

- Kellerinnenausbau inkl. Trittschallschutzart und -wert, Estrich, Bodenbelag, Sockelleisten, Putz, evtl. Tapete, Innentüren mit Zarge, Türblatt und Schallschutzwert, Wasserinstallationen inkl. sämtlicher Sanitärgegenstände und Armaturen (auch hier gibt es Schallschutzklassen) etc., Heizungsinstallationen inkl. Kaminabzug und Reinigungsöffnung, Brenner, Kessel, Heizkörpern und Rohrinstallation mit schalltechnischer Entkopplung, Elektroinstallation inkl. Anzahl und Art aller Schalter und Dosen
- Hausanschlussraum
- Kellerinnentreppe inkl. Belag, Geländer und schalltechnischer Entkopplung
- Kellerdecke inkl. U-Wert und Schallschutzwert

**Erdgeschoss**

- Erdgeschossaußenwände inkl. U-Wert und Schallschutzwert
- Außentüren inkl. U-Wert und Schallschutzwert
- Fenster inkl. Fensterbänken, Rollladenkästen, Rollläden sowie U-Wert und Schallschutzwert
- Außentreppen inkl. Belag und Geländer
- Innentreppen inkl. Belag und Geländer sowie schalltechnischer Entkopplung
- Innenwände inkl. Schallschutzwert
- Innenausbau inkl. Trittschallschutzart und -wert, Estrich, Bodenbelag, Sockelleisten, Putz, evtl. Tapete, Innentüren mit Zarge, Türblatt und Schallschutzwert, Wasserinstallationen inkl. sämtlicher Sanitärgegenstände und Armaturen (auch hier gibt es Schallschutzklassen), Heizungsinstallationen inkl. Kamin oder Ofen, Heizkörpern und Rohrinstallation mit

schalltechnischer Entkopplung, Elektroinstallation inkl. Anzahl und Art aller Anschlüsse und Dosen

- Terrasse inkl. eventueller Aufschüttung oder Unterbau sowie Belag, Treppen und Geländern

▶ Obergeschoss/Dachgeschoss

- Obergeschoss/Dachgeschossaußenwände inkl. U-Wert und Schallschutz
- Dachflächenaufbau inkl. U-Wert und Schallschutz
- Dachaußenmontagen inkl. Regenrinnen, Ortgangblechen, Verwahrungen, Durchstoßpunkten, Kaminköpfen, Antennen- und Photovoltaikinstallationen, Ausstiegsöffnungen und Gehstufen für Schornsteinfeger, Schneefanggitter etc.
- Außentüren inkl. U-Wert und Schallschutzwert
- Fenster/Dachflächenfenster inkl. Fensterbänken, Rollladenkästen, Rollläden sowie U-Wert und Schallschutzwert
- Innentreppen inkl. Belag und Geländer sowie schalltechnischer Entkopplung
- Innenwände inkl. Schallschutzwert
- Innenausbau inkl. Trittschallschutzart und -wert, Estrich, Bodenbelag, Sockelleisten, Putz, evtl. Tapete, Innentüren mit Zarge, Türblatt und Schallschutzwert, Wasserinstallationen inkl. sämtlicher Sanitärgegenstände, Heizungsinstallationen inkl. Heizkörpern und Rohrinstallation mit schalltechnischer Entkopplung, Elektroinstallation inkl. Anzahl und Art aller Anschlüsse und Dosen
- Balkone/Dachterrassen inkl. kompletten Unterbaus sowie Belag und Geländern

**Tipp**

Eine detaillierte Baubeschreibung ist nicht nur beim Hauskauf wichtig. Auch beim Wiederverkauf oder bei Umbau- und Modernisierungsmaßnahmen brauchen Sie die Angaben aus der Baubeschreibung.

## Zusätzliche Beschreibungen und Festlegungen

### Passivhausbauweise

Bei technisch komplexen Bauweisen, wie zum Beispiel bei Passivhäusern, sollte im Einzelnen u.a. der U-Wert von Kellerdecken, Außenwänden, Außentüren und Außenfenstern sowie Dächern aufgeführt sein. Es sollte ferner genau erläutert sein, was der Hersteller unter einem Passivhaus versteht, z.B. das der Jahresheizwärmebedarf unter 15 kWh pro Quadratmeter Wohnfläche liegt. Hierzu sollte neben einer Energiebedarfsberechnung und dem Energiebedarfsausweis auch deren Berechnungsgrundlagen Vertragsbestandteil sein. Wichtige Informationen zum Qualitätsstandard von Passivhäusern erhalten Sie beim Passivhausinstitut in Darmstadt (www.passiv.de).

**Nachmessung im Vertrag fixieren**

Und schließlich sollten Sie den so genannten Blower-Door-Test, eine Luftdichtigkeitsüberprüfung des fertigen Hauses, vertraglich fixieren. Vereinbaren Sie für den Fall, dass die festgelegten Werte nicht eingehalten werden, dass der Fertighaushersteller vorliegende Undichtigkeiten suchen und geeignet abdichten muss. Fixieren Sie im Vertrag auch eine entsprechende Nachmessung.

### Schallschutzvereinbarungen

Auch hinsichtlich des Schallschutzes sollten Sie unbedingt auf klare Vereinbarungen drängen. Eine Formulierung wie „hochwertiger Schallschutz“ nutzt Ihnen gar nichts. Neben dem Testen des Schallschutzes in entsprechenden Referenzhäusern (Seite 107), sollten Sie darüber hinaus klare, rechtliche Vereinbarungen treffen. So sollte das bewertete Schalldämm-Maß $R'_{w}$ und das bewertete Trittschalldämm-Maß $L'_{n,w}$, (für Decken), die die schalldämmende Wirkung eines Bauteils in eingebautem Zustand wiedergeben, in den Vertrag mit aufgenommen werden. Achten Sie darauf, dass das bewertete und nicht nur das normale Schalldämm-Maß R' angegeben ist. Das normale Schalldämm-Maß R' nutzt Ihnen nicht viel, weil hier die Bauteile einzeln auf ihre schalldämmende Wirkung getestet werden. Bestehen Sie daher auf Angaben zum bewerteten Schallschutzmaß. Denn nur dieses gibt Ihnen Auskunft über die Schalldämmung eines Bauteils im eingebauten Zustand. Diese Schalldämm-Maße sollten Ihnen mindestens für alle Außenwände und Dächer vorliegen, für alle Außentüren, Fenster und Rollladenkästen, für alle Innenwände und Zwischendecken (hier vor allem das bewertete Trittschalldämm-Maß), sowie für alle Innentüren. Wichtig ist außerdem der Nachweis einer schallisolierenden Rohrinstallation.

**Bestehen Sie auf Angaben zum bewerteten Schallschutz**



Allgemeine Richtlinien zum Schallschutz sind zwar in einer betreffenden DIN-Norm festgeschrieben (DIN 4109), diese gelten aber nur sehr eingeschränkt für den Bau freistehender Einfamilienhäuser. Erst im Bereich von Doppel- oder Reihenhäusern kommen hier bestimmte Richtlinien zum Tragen. Deswegen ist es sehr wichtig, dass Sie sich in einem Referenzhaus sehr genau auch mit dem vorhandenen Schallschutz, zum Beispiel auch zwischen Schlafzimmer und Kinderzimmer, befassen: Gehen Sie in unterschiedliche Räume, klopfen Sie an eine Wand, schreiten Sie geräuschvoll über den Boden, nehmen Sie ein kleines Radio mit, schalten Sie es ein etc.

**Erhöhter Schallschutz im Falle einer geplanten Einliegerwohnung**

Insbesondere wenn Sie den Einbau einer Einliegerwohnung in das Haus planen oder eine spätere Umrüstung in dieser Hinsicht beabsichtigen, ist erhöhter Schallschutz sehr wichtig.

**DIN 4109, Beiblatt 2**

In jedem Fall sollte der Schallschutz ganz klar vereinbart werden. Das Beiblatt 2 der DIN 4109 enthält „Vorschläge für einen erhöhten Schallschutz und Empfehlungen für den Schallschutz im eigenen Wohn- und Arbeitsbereich". Sie sollten die vollständige Berücksichtigung der dort vorgeschlagenen Schalldämm-Maßnahmen, auch für Innenwände und Innendecken Ihres Hauses, zum Bestandteil des Vertrages mit Ihrem Fertighausanbieter machen. Wenn Sie die betreffende DIN samt Beiblatt 2 vereinbaren, haben Sie zumindest einen Basisstandard vereinbart, dessen Einhaltung dann auch gutachterlich überprüft werden kann.

### Zum Einsatz kommende Bauchemikalien und definitiver Ausschluss typischer Problemchemikalien

**Auflistung aller chemischen Baustoffe**

Wichtig ist auch, dass Sie eine Auflistung aller im betreffenden Haustyp zum Einsatz kommenden chemischen Baustoffe wie zum Beispiel Holzschutzmittel, Parkettlacke, Baukleber etc. erhalten. Genauso wichtig ist, dass Sie für bestimmte Problembaustoffe einen definitiven Verbau-Ausschluss erhalten.

**Das fordert der Naturschutzbund**

Der Naturschutzbund Deutschland NABU(www.nabu.de) fordert bei der Auswahl von Baustoffen generell den Verzicht auf:

- asbesthaltige Produkte,
- formaldehydhaltige Produkte,
- chlorhaltige Produkte,
- schwermetallhaltige Produkt,
- lindanhaltige Schutzmittel,

- FCKW-haltige Materialien,
- stark lösungsmittelhaltige Baustoffe und Farben,
- Aluminium und Kunststoff, wenn gleichwertige Materialien zur Verfügung stehen,
- nicht FSC-zertifizierte Hölzer

Denken Sie in diesem Zusammenhang auch daran, dass es eine ganze Reihe von Baustoffen gibt, die zwar nicht unmittelbar gesundheitsgefährdend sind, deren Herstellung oder deren Abbau und Verarbeitung aber große Umweltschäden verursachen kann. Möglicherweise sind einige dieser Materialien im Außenbereich schwer ersetzbar, weil sie hervorragende Materialeigenschaften zum Beispiel gegen Korrosion oder Verwitterung mitbringen, aber im Innenbereich gibt es für die allermeisten von ihnen Alternativen. Zu nennen sind hier vor allem Bodenbeläge aus PVC, PVC-Sockelleisten, aufwändige Verzinkungen oder Aluminiummetalle im Innenbereich (außer in Nassbereichen wie Bädern und Küchen), geschäumte Tapeten und Decken oder Hölzer aus nicht nachhaltig bewirtschafteten Wäldern, zum Beispiel Tropenhölzer.



### Die Technischen Merkblätter

**... als Vertragsbestandteil**

Technische Merkblätter des Fertighausherstellers sind wichtig, weil überall dort, wo es zu Schnittstellen mit anderen am Bau Beteiligten kommt, klar sein muss, wie diese Schnittstellen vorzubereiten sind. Deutlich wird dies typischerweise am Übergangsbereich zwischen Rohbaukeller und Fertighauskörper. Damit hier alle Maße und Übergänge exakt stimmen, sollten die technischen Merkblätter des Fertighausanbieters auch Vertragsbestandteil der Verträge mit dem Keller-Rohbauunternehmen werden.

### Die Plan- und Detailanlagen

... der Baubeschreibung beifügen

Die Plan- und Detailanlagen sind ebenso wichtig wie die Baubeschreibung und sollten dieser nach Möglichkeit beigefügt werden. Die zeichnerische Darstellung von Grundrissen, Schnitten und allen relevanten Konstruktionsdetails ist für Sie als Käufer sehr wichtig. Pläne zusätzlich zur rein textlichen Baubeschreibung bieten den großen Vorteil, dass sie nur sehr geringe Interpretationsspielräume zulassen. Hier kann sowohl die gesamte Grundkonstruktion des Hauses wie auch jedes Detail unzweideutig zeichnerisch mit den diesbezüglichen Symbolen, wie auch mit kompletter Beschriftung und Vermaßung festgehalten werden. Auch die Elektro- und Heizungsplanung sollte als Plananlage dem Vertrag beigefügt sein. Dies ist für Holz-Fertighaus- bzw. Massiv-Fertighaushersteller meist kein Problem, da die Grundplanungen der Typenhäuser ja schon vor dem ersten Kundengespräch stehen und nur noch individuell angepasst werden müssen. Im Gegensatz zum Bauen mit einem Architekten können Sie dies beim Holz-Fertighaus- bzw. Massiv-Fertighaushersteller also durchaus bei Vertragsabschluss erwarten.

Grundsätzlich sollte eine Werkplanung im Maßstab eins zu fünfzig (M 1:50) eine klare Struktur aufweisen, also zum Beispiel alle Grundrisse, vom Keller über das Erdgeschoss, die Obergeschosse und das Dachgeschoss abbilden, sie sollte mindestens einen Schnitt in Haus-Längs- oder Haus-Quer-Richtung beinhalten. In der Regel wird dieser Schnitt durch das Treppenhaus geführt. Schließlich sollten alle Hausansichten dargestellt sein sowie eventuell auch eine Dachaufsicht.

Detailpläne sollten erstellt werden

Zusätzlich zu diesen großen, zentralen Plänen sollten Detailpläne für alle wichtigen Details wie Fundamentierungen, Abdichtungen, Bodenaufbauten, Treppen, Wandöffnungen, Anschlüsse von Dach, Balkon, Durchstoßpunkte für die Hausanschlüsse, wie Strom, Gas, Wasser, Abwasser im Maßstab 1:20 bis 1:5 erstellt sein.

Eine normale Einfamilienhausplanung ergibt zwischen 15 und 25 Plänen allein für die Ausführungsplanung.

Neben den reinen Haus-Werkplänen gibt es auch noch die Fachplanungen für Statik, Heizung und Lüftung, Sanitär und Elektro. Lassen Sie sich auch diese Planunterlagen vor Beginn der Bauausführung komplett aushändigen.

**Eintragungen in die Ausführungspläne**

Nachfolgend finden Sie eine Übersicht über diejenigen Eintragungen in die Ausführungspläne, die keinesfalls fehlen dürfen. Sie sind sortiert nach den jeweiligen Plantypen.

### Grundrisspläne

- Plankopf mit allen Angaben zu Verfasser/Planer, Bauherr, Lage und Ort, Maßstab, Änderungsvermerken mit Datum und Namenszeichen sowie laufender Plannummerierung und klarer Planangabe (zum Beispiel Grundriss EG)
- Nordpfeil
- Im Erdgeschossgrundriss die Erschließung (Außentreppen, Terrassen, Gartenwege, Zufahrten etc.)
- Gesamtmaße über die volle Hausbreite und Tiefe
- Sämtliche Teilmaße (zum Beispiel von Hauskante zu Fenster, von Fenster zu Fenster etc.)
- Alle Öffnungsmaße in Höhe und Breite des Rohbaumaßes (Türen, Fenster etc.)
- Alle Wandstärken mit Materialsymbolik
- Alle Vor- und Rücksprungmaße
- Soweit vorhanden alle Achsmaße und Dehnungsfugen

- Öffnungsviertelkreise mit Öffnungsrichtung sämtlicher Türen bzw. Fenstertüren
- Treppenlauf mit ordnungsgemäßer Grundrisskonstruktion der Treppe bei Wendelungen sowie Steigungsangaben, Stufenzahl und Gehlinie
- In gestrichelter Linie alle auskragenden Bauteile oberer oder unterer Geschosse (Balkone, Dach etc.)
- Lage von Stürzen, Kanälen, Unterzügen, Durchlässen als gestrichelte Linie mit Bezug auf die lichten Raumhöhen etc.
- Lage von Rollläden und Gurtbändern
- Alle Raumgrößen in Quadratmetern mit Bezeichnung
- Oberkante Rohfußboden und Oberkante Fertigfußboden in allen Räumen
- Lage und Art von Bodeneinläufen
- Verlegepläne für Boden- und Wandfliesen
- In den Bädern: Lage, Form und Art sämtlicher sanitärer Einrichtungsgegenstände
- In Dachgeschossgrundrissen: Kniestocklinie (Stoßlinie von aufgehender Wand und Dachschräge), Dachspitzbodenlinie (Stoßlinie von aufgehender Dachschräge mit Zimmerdecke Dachgeschoss), Dachgaubenlinien, Lage und Anordnung von Bodeneinschubtreppen, Lage der 2-m-Linie
- Lage und Durchmesser der Kaminzüge und/oder Lüftungskanäle inkl. Reinigungs- bzw. Austrittsöffnungen
- Lage von Kellerlichtschächten
- Fundamentlage
- Bei Heiztechnikräumen: Stellung, Lage, Installation und Anschlüsse der Heizzentrale sowie evtl. benötigter Tanklager- bzw. Gaszuführungen
- Angaben über Be- und Entlüftung im Heizraum

- Ausbildung des Hausanschlussraumes
- Evtl. Revisionsschacht
- Hinweis auf jeweils zugeordnete Detailpläne (zum Beispiel durch Einkreisung eines Details mit zugeordneter Plannummer, wo dieses im größeren Maßstab zu finden ist) sowie Pläne der Fachingenieure, wie Elektro-, Sanitär- und Heizungsplanung (wichtig zum Beispiel für Lage und Anzahl Ihrer Steckdosen und Lichtschalter bzw. Heizkörper oder aber auch sämtlicher Wasser- und Abwasseranschlüsse etc.)
- Bezeichnung und Lage von Schnittlinien, die aussagen, wo der Vertikalschnitt des Schnittplans durchs Haus gelegt wurde

### Schnittpläne

- Plankopf mit allen Angaben zu Verfasser/Planer, Bauherr, Lage und Ort, Maßstab, Änderungsvermerken mit Datum und Namenszeichen sowie laufender Plannummerierung und klarer Planangabe (zum Beispiel Schnitt A-A)
- Höhenlage des Gebäudes über NN bezogen auf die Oberkante des Fertigfußbodens des Erdgeschosses
- Bezeichnung der Geschosse
- Alle Höhenmaße über die komplette Haushöhe inkl. lichte Raummaße
- Alle lichten Raummaße (Rohbaumaße)
- Durchgangshöhen von Türen, Fenstertüren oder Treppenunterläufen
- Alle Deckenstärken mit Maßangaben des gesamten Bodenaufbaus (Rohdecke, Trittschalldämmung, Estrich, Bodenbelag)
- Brüstungs- und Sturzhöhen inkl. ihrer konstruktiven Ausbildung

- Stärken, Aufbau und konstruktive Ausbildung von Wänden
- Lage und Ausbildung von Ringankern
- Wo notwendig Wandabwicklungen (zum Beispiel bei Fliesenverlegung)
- Lage, Anordnung, konstruktive Ausbildung und Höhenverlauf von Treppen, inkl. sämtlicher Zwischenpodeste mit Art und Ausbildung aller Anschlusspunkte der Treppe an bestehende Bauteile, wie evtl. Wände oder Geschosszwischendecken
- Anschlüsse von Lichtschächten, Außentreppen, Terrassen, Balkonen etc.
- Verankerungen, Verlauf und Maße der Dachbinder sowie des Dachtragwerks
- Dachneigung
- Aufbau, Montagepunkte und Ausbildung des gesamten Dachhautaufbaus inklusive Lattenlage und Ziegeleindeckung sowie Traufanschlusspunkt mit Ausladung und Ausbildung des Sparrenfußes, Montage der Dachrinne sowie Firstanschluss mit Firstlinie
- Konstruktive Ausbildung von Gauben oder Dachausstiegen inkl. sämtlicher Anschlusspunkte an die Dachhaut
- Hinweis auf jeweils zugeordnete Detailpläne (zum Beispiel durch Einkreisung eines Details mit zugeordneter Plannummer, wo dieses im größeren Maßstab zu finden ist) sowie Pläne der Fachingenieure, wie Elektro-, Sanitär- und Heizungsplanung (wichtig zum Beispiel für Lage und Anzahl Ihrer Steckdosen und Lichtschalter bzw. Heizkörper oder aber auch sämtlicher Wasser- und Abwasseranschlüsse)
- Höhenlage und Anschlüsse der Hauszuleitungen für Gas, Wasser, Strom, Kommunikation
- Lage und Verlauf der Grundleitung

- Fundamentschnitte mit eindeutiger Darstellung und Bezeichnung der Materialien und Konstruktionsweisen der Fundamentierungen, der aufgehenden Kellerwände, der vorgesehenen Dichtungen für die Kellerwand (Sperrschichtenaufbau), der Lage und Stärke des Dränagerohrs, der Kiesverfüllung sowie des max. gemessenen Grundwasserstandes
- Lage und Ausbildung von waagerechten Sperrschichten (unterhalb der Grundplatte, in den aufgehenden Wänden)

**Ansichtspläne**

- Plankopf mit allen Angaben zu Verfasser/Planer, Bauherr, Lage und Ort, Maßstab, Änderungsvermerken mit Datum und Namenszeichen sowie laufender Plannummerierung und klarer Planangabe (zum Beispiel Ansicht Südwest)
- Gestrichelt die Höhenlinien der Ober- und Unterkanten der einzelnen Geschossdecken und des Kellers mit seinen Außenwänden und der Bodenplatte
- Lage und Anordnung von Fenstern und Türen inkl. eingestrichelter Öffnungssystematik
- Lage und Anordnung von Rollläden, Jalousien, Markisen etc.
- Lage und Anordnungen von Außentreppen und Terrassen
- Lage und Anordnung von Regenfallrohren
- Trauf-, Kehl-, Grat- und Firstlinien
- Kniestocklinie gestrichelt
- Schornsteine, Gauben, Dachausstiege
- Gesimse, Balkone, Geländer
- Sockelverlauf
- Besondere Fassadenbekleidungen wie zum Beispiel Verputzungen, Verklinkerungen oder Holzverkleidungen

- Hinweis auf jeweils zugeordnete Detailpläne (zum Beispiel durch Einkreisung eines Details mit zugeordneter Plannummer, wo dieses im größeren Maßstab zu finden ist)
- Gründungstiefe der Fundamente gestrichelt
- Erdreichverlauf
- Höhenlinie des Straßenverlaufs der Erschließungsstraße

### Garantieerklärungen und Bürgschaften

Folgende Punkte müssen erfasst sein

In diesem Vertragsteil müssen alle notwendigen Garantieerklärungen erfasst sein, die der Hersteller auf sein Produkt gibt. Wichtig ist, dass folgende Punkte erfasst sind:

- Umfang und Art der Garantie,
- Dauer der Garantie und
- Wege der Behebung im Bedarfsfall.

Das heißt im Einzelnen:

- Es werden in den Garantieerklärungen nicht nur Einzelteile benannt, sondern auch Bauteilkombinationen (also nicht nur der Heizungsbrenner, sondern das gesamte Heizungssystem).
- Es werden klare Zeiträume benannt oder mindestens Betriebsstunden der Geräte, die definieren, wie lange welche Garantie gilt.
- Es werden klare Zielvereinbarungen getroffen, auf welchem Wege Probleme im Bedarfsfalle behoben werden (wer kommt zum Beispiel wann vorbei, wenn im ersten Winter plötzlich die Heizung ausfällt?).

**Bankbürgschaft**

Es kann sinnvoll sein, vom Fertighaushersteller eine Bankbürgschaft zu verlangen. Das hängt vor allem davon ab, wie die Ratenzahlungen vereinbart werden. Eine

Bürgschaft benötigen Sie vor allem dann, wenn ein Fertighausanbieter von Ihnen Geld verlangt, ohne dass dafür bereits eine Leistung erbracht wurde. Da Sie dieses generell vermeiden sollten, sind auch Bürgschaften nicht zwingend. Es gibt aber kleinere Anbieter, die zum Beispiel die Vorbestellung des Holzes für das Haus nicht in jedem Fall vorfinanzieren können. Soll die Holzbestellung dann im Voraus von Ihnen bezahlt werden, ist eine Bankbürgschaft des Fertighausanbieters zwingend erforderlich. Denn es könnte ja sein, dass der Fertighausanbieter nach Ihrer Zahlung und während der Holzbestellung oder Lagerung des Holzes in der Werkstatt in die Insolvenz rutscht. Dann wäre Ihr Geld weg.

**Hilfe im Insolvenzfall**

**Vorsicht bei Bankbürgschaften**

Bei Bürgschaften ist allergrößte Vorsicht geboten: Bürgschaft ist nicht gleich Bürgschaft. Es kommt auf die Regelungen im Detail an. Eine Bankbürgschaft des Fertighausanbieters bzw. von dessen Bank muss grundsätzlich unwiderruflich, unbefristet, unbedingt und selbstschuldnerisch sein. Ferner sollte geregelt werden, dass die Kosten der Bürgschaft der Fertighausanbieter trägt. Wenn Sie die Bürgschaftsurkunde ausgehändigt bekommen, sollten Sie sich die Echtheit von der ausstellenden Bank direkt bestätigen lassen.



Umgekehrt kann es sein, dass der Fertighaushersteller von Ihnen eine Bürgschaft will, denn auch er geht ja ein gewisses Risiko ein, zum Beispiel wenn er das Holz oder Fenster etc. für das Haus bestellt. Wenn Sie dem Fertighaushersteller eine Bürgschaft erteilen, müssen Sie darauf achten, dass diese Bankbürgschaft von der Gegenseite niemals „auf erstes Anfordern“ gezogen werden kann und auch niemals unter „Verzicht auf Einrede der Vorausklage“ oder ähnliche Formulierungen enthält. Ihre Bankbürgschaft sollte immer deutlich gekennzeichnet sein mit dem Zusatz „Nicht auf erstes Anfordern“. Im Streitfall zwischen Ihnen und dem Bauträger würde das Geld dann ggf. zunächst einmal beim zuständigen Gericht hinterlegt und der Bauträger hätte keinen direkten Zugriff darauf, sondern dieser Zugriff würde abhängig gemacht vom Ausgang eines Verfahrens.

**„Abtretungserklärung": eine Alternative**

Eine Alternative zu Bankbürgschaften können sogenannte Abtretungserklärungen sein. Das heißt, die in Ihrem Kreditvertrag mit der Bank festgelegte Kreditauszahlung können Sie an den Fertighausanbieter abtreten. Dadurch erhält der Fertighausanbieter einen Anspruch auf Kreditauszahlung, allerdings nur dann, wenn er die entsprechenden Leistungen auch erbracht hat. Hier liegt allerdings auch schon das Problem. Damit das wirklich sicher funktionieren könnte, müsste Ihre Bank erstens einen sehr exakten Ratenzahlungsplan haben und exakt wissen, wann was gezahlt wird (wann wird der Kellerrohbau gezahlt? Was ist der Kellerrohbau? Gehört dazu auch der Hausanschluss und die Kellerfensterlichtschächte?) und zweitens müsste Ihre Bank die Einhaltung der Dinge vor Ort penibel überprüfen. Da Banken das weder fachlich noch personell können, sollten Sie von Abtretungen generell die Finger lassen. Sie sind sonst nicht mehr Herr darüber, welcher Betrag überweisen wird und welcher nicht.

**Sicherheitseinbehalte**

Gemäß § 632 a des BGB steht Ihnen grundsätzlich das Recht zu, bis zu 5 % der Vertragssumme gleich von der ersten Rate an einzubehalten, bis das Bauvorhaben abgeschlossen ist – also bis zum Abnahmetermin. Dies zu tun und im Kaufvertrag auch von vornherein zu vereinbaren, ist sinnvoll. Ferner dürfen Sie für alle Mängel üblicherweise den doppelten Betrag des zur Mangelbeseitigung notwendigen Betrags einbehalten (§ 641 Absatz 3 BGB).

Darüber hinaus haben Sie die Möglichkeit bis zu 5 % der Bausumme auch über den gesamten Zeitraum der Gewährleistung (nach BGB also 5 Jahre) einzubehalten und erst mit Ablauf der Gewährleistung an den Fertighaushersteller auszuzahlen. Dieser Gewährleistungseinbehalt dient dazu, bei möglichen Gewährleistungsproblemen handlungsfähig zu bleiben. So kann es zum Beispiel sein, dass ein Fertighaushersteller kein Interesse an einer Mangelbehebung hat oder aber er kann den Mangel gar nicht mehr beheben, weil das Unternehmen während der Gewährleistungszeit in die Insolvenz rutschte.

Viele Fertighausanbieter schlagen alternativ zu den Sicherheitseinbehalten Bankbürgschaftsregelungen vor. Auch bei diesen Bankbürgschaften, sollten Sie die dargelegten Regelungen beachten.

## Zusätzliche Kosten

Neben den reinen Kaufkosten eines Fertighauses können noch zahlreiche weitere Kosten auf Sie zukommen, so zum Beispiel für

- den Grundstückskauf,
- die Notargebühren,
- das Bodengutachten,
- die Erschließung des Grundstücks und des Gebäudes,
- die Kellerplanung, -statik und -bau,
- die Außenanlagen,
- das Honorar für Sachverständige bei der Abnahme sowie
- das Honorar für anwaltliche Vertragsprüfungen.

Realistische Einschätzung der Kosten

Erst wenn Sie alle diese Kosten in Ihre Überlegungen einbezogen haben, können Sie realistisch einschätzen, welche finanziellen Belastungen mit dem Bau eines Fertighauses wirklich auf Sie zukommen. Machen Sie sich also unbedingt vorher kundig bei Notar, Kommune, Kellerbauer etc., und kalkulieren Sie diese Kosten fest ein.

Nach dem Vertragsabschluss mit dem Fertighausanbieter und dem Erhalt der Baugenehmigung beginnt die konkrete Bauphase.

## Die anwaltliche Prüfung der Vertragsunterlagen

In der Regel wird anwaltliche Hilfe erst in Anspruch genommen, wenn konkrete Probleme vorliegen, seien es zum Beispiel erhebliche Terminüberschreitungen oder Mängel, die nicht beseitigt werden. Inwieweit in einer solchen Situation Ansprüche durchsetzbar sind, hängt wesentlich von den entsprechenden Vertragsunterlagen ab. Häufig können Bauherren berechtigte Ansprüche aufgrund unklarer und unvollständiger Verträge nicht oder nur teilweise durchsetzen.

**Rechtzeitiger Kontakt mit einem spezialisierten Anwalt**

Dies können Sie vermeiden, indem Sie rechtzeitig vor dem Abschluss von Verträgen Kontakt mit einem auf Baurecht spezialisierten Anwalt aufnehmen und diesen die Unterlagen vor Vertragsabschluss prüfen lassen. Dadurch schafft er eine für Sie günstige Ausgangsposition. Entscheidend dabei ist, dass der Anwalt mit der aktuellen Rechtsprechung im Baurecht vertraut ist, denn nur ein in diesem Bereich prozesserfahrener Anwalt kann Ihnen in diesem komplexen Rechtsgebiet weiterhelfen. Erfahrene Anwälte in Ihrer Nähe finden Sie z.B. über die ARGE Baurecht (Arbeitsgemeinschaft für Bau- und Immobilienrecht im Deutschen Anwaltsverein) www.arge-baurecht.com.

**Prüfung der Vertragsunterlagen**

Diese Prüfung der Vertragsunterlagen durch den Anwalt hat den Vorteil, dass dieser das Bauvorhaben und die Vertragssituation von Beginn an kennt und bei auftretenden Problemen sofort angemessen reagieren kann.

Fachanwälte finden Sie auch im Branchenfernsprechbuch „Gelbe Seiten“ oder Sie fragen bei der Anwaltskammer nach. Wichtig ist für Sie, vorab die Honorarbasis (zum Beispiel Stundenbasis oder Honorar nach Streitwert gemäß Rechtsanwaltsvergütungsgesetz (RVG)) und die Höhe des voraussichtlichen Honorars zu klären und dies ggf. schriftlich zu vereinbaren.

# Kapitel 6
# Der Keller

## Keller oder Bodenplatte?

Beim Fertigbau ist im Hauspreis in keinem Fall automatisch auch der Preis für den Keller inbegriffen. Es gibt sogar eine ganze Reihe von Fertighausanbietern, die grundsätzlich keinen Kellerbau anbieten. Sie als Käufer müssen den Keller dann in Eigenregie planen und bauen lassen. Aber gerade der Keller gehört zu den kritischen Bauteilen Ihres Hauses, weil er direkte Erdberührung hat. Er muss setzungsfrei gegründet sein und sorgsam gegen Erdfeuchte und eventuelles Grundwasser abgedichtet sein.

**Den Keller müssen Sie in Eigenregie planen und bauen lassen**

Auch wenn bei dem von Ihnen bevorzugten Haustyp vom Fertighausanbieter kein Keller angeboten wird, so sind praktisch alle angebotenen Haustypen unterkellerbar. Die einzige Frage für Sie ist, ob Sie einen Keller wollen oder ob Sie Ihr Fertighaus einfach auf eine Bodenplatte setzen lassen. Sie sollten sich dies gut überlegen: Zwar kostet ein Keller zwischen 20.000 Euro und 50.000 Euro, aber er steigert in jedem Fall den Wiederverkaufswert Ihres Hauses.

Die Massiv-Fertighausangebote am Markt schließen größtenteils den Bau eines Kellers mit ein, nicht zuletzt deswegen, weil für diese Anbieter der Kellerbau als Teil eines Massiv-Fertighauses vertrautes Terrain ist.

### Kellerersatzraum – Alternative zum Keller?

Kellerersatzräume sind ebenerdige Verschläge oder Schuppen, seltener tatsächlich komplett geschlossene Räume und ganz selten beheizte Räume. Wenn Sie ausreichend Platz auf Ihrem Grundstück haben, können Sie die Errichtung solcher Kellerersatzräume überdenken. Diese werden allerdings nur selten von klassischen Fertighausherstellern angeboten. Bedenken sollte man bei Kellerersatzräumen auch, dass sie – um wirklichen Ersatz zu bieten – auch die gleiche Raumqualität wie Kellerräume haben sollten, also mindestens trocken und luftdicht sein müssen. Denn wenn sie sonst über den Winter Gartenmöbel aus Metall oder Fahrräder hineinstellen, werden diese allein schon durch die permanent eindringende Luftfeuchtigkeit schnell rosten.

## Die Kellerplanung und der Kellerbau

**Alles aus einer Hand**

Falls Sie einen Keller haben möchten, ist es sehr sinnvoll, diesen nach Möglichkeit ebenfalls vom Fertighausanbieter zu beziehen. Das hat für Sie den Vorteil, dass Sie alles aus einer Hand erhalten und zum Beispiel bei späteren Problemen an den Schnittstellen zwischen Keller und Fertighaus nicht plötzlich Haftungsfragen auftauchen, bei denen Sie langwierig die Schuldfrage klären lassen müssen. Klären Sie aber vorab, ob alle notwendigen Zusatzleistungen wie zum Beispiel die Vermessung des Grundstücks sowie der Aushub und Abtransport des Erdmaterials, inklusive Deponiegebühren, und die Stellung des Schnurgerüsts im Preis inbegriffen sind. Auch Fragen der späteren Wiederverfüllung und Geländeanmodellierung ans Haus sollten geklärt sein. Ist dies nicht der Fall, kommen nochmals erhebliche Zusatzkosten auf Sie zu. Der Kellerbau umfasst grundsätzlich folgende Schritte:

**Schritte beim Bau eines Kellers**

- die Baugrunduntersuchung,
- die Grundstücksvermessung,
- die Erstellung der Kellerpläne,
- die Statik und Prüfstatik für den Keller,
- die Baueingabe und Beantragung der Hausanschlüsse,
- die Ausschreibung und Vergabe der Bauleistung sowie

- den Kellerbau mit
  - der Fundamenterstellung und Bodenplatte,
  - der Herstellung der Hausanschlüsse,
  - der Aufmauerung und Deckenbetonierung und
  - der Abdichtung, Dränagelegung und Wiederverfüllung,
- den Kellerausbau mit
  - Fenster- und Türenmontage,
  - Verputz,
  - Einbringung von Estrich- und Bodenbelag,
  - Heizungs-, Sanitär- und Elektromontage sowie
- Wärmeschutz zum Beispiel der Kellerdecke und
- die Baukontrolle mit fachgerechter Abnahme und Abrechnung.

Stellen Sie sicher, dass Sie alle oben genannten Punkte bei Ihrer Kellerplanung berücksichtigt haben und wissen, welche Gesamtkosten auf Sie zukommen.

**Wahlmöglichkeit**

Falls Sie den Keller in Eigenregie bauen lassen müssen, können Sie in der Regel zwischen zwei Wegen wählen:

- der Planung und Errichtung eines individuellen Kellers mit einem Architekten oder
- der Errichtung eines Kellers durch einen Fertigkelleranbieter.

**Abstimmung auf die Schnittstellen**

In beiden Fällen müssen selbstverständlich alle notwendigen Schnittstellen mit dem später aufzusetzenden Haus exakt abgestimmt sein, also zum Beispiel Hausmontagepunkte, Treppenläufe, Außentreppen, Fensteranordnungen, Kaminführung etc.

Wenn Sie sich dafür entscheiden, mit einem Architekten den Keller zu planen und zu bauen, wird dieser in der Regel nach der Auftragserteilung gemeinsam mit Ihnen den Kellergrundriss entwickeln und die weitere Vorgehensweise gemäß den vorher beschriebenen Arbeitsschritten koordinieren und überwachen. Obwohl es sich „nur" um einen Keller handelt, erbringt der Architekt für diese Aufgabe Leistungen wie beim Bau eines kompletten Hauses. Sie benötigen daher selbst für eine „kleine" Aufgabe wie einen Keller einen Architekten mit Planungs- und Bauleitungserfahrung. Wenn Sie keinen erfahrenen Architekten kennen oder auf eine Empfehlung zurückgreifen können, sollten Sie die Architektensuche gezielt gestalten, indem Sie eine Reihe von Architekten kontaktieren und Ihr Bauvorhaben kurz schildern. Auf Seite 126 finden Sie ein Muster für Ihr Anschreiben an Architekten.

**Sie benötigen einen Architekten mit Planungs- und Bauleitungserfahrung**

Architekten finden Sie im Branchenbuch unter „Architekturbüros". Architekten sind eine solche Ansprache durchaus gewöhnt und verfahren gleichermaßen bei der Suche von Handwerksunternehmen. Für einen Überblick über die Vorbereitung und Durchführung eines Bauvorhabens empfehlen wir Ihnen auch in diesem Zusammenhang den Ratgeber „Richtig bauen: Ausführung" der Verbraucherzentrale und der Stiftung Warentest.



Wenn Sie sich dafür entscheiden, mit einem Fertigkelleranbieter zu bauen, sollten Sie darauf achten, ob dieser Mitglied in einer Gütegemeinschaft wie zum Beispiel der Gütegemeinschaft Fertigkeller e.V. ist. Die Adresse dieses Verbandes von Fertigkelleranbietern finden Sie im Anhang zu diesem Buch. Achten Sie unbedingt darauf, ob alle Schritte des Kellerbaus von dem Fertigkelleranbieter auch angeboten werden. Oft ist es so, dass Vermessung, Bodengutachten und Baueingabe als Aufgaben bei Ihnen

**Achten Sie auf die Mitgliedschaft in einer Gütegemeinschaft**

Familie Mustermann
Musterweg 1
12345 Musterstadt

Herrn
Architekten Meier
Meierweg 2
12345 Musterstadt

Musterstadt, den

**Betr.: Neubau eines Kellers für ein Fertighaus**

Sehr geehrter Herr Meier,

wir, Familie Mustermann aus Musterstadt, planen den Bau eines Kellers, auf den nach Fertigstellung ein Fertighaus gesetzt werden soll. Wir möchten mit der Planung und Bauleitung des Kellers einen Architekten aus unserer näheren Umgebung beauftragen und möchten daher auch bei Ihnen anfragen, ob Sie bereits entsprechende Bauvorhaben durchgeführt haben.

Wenn ja, würden wir uns über die Zusendung von Referenzobjekten ähnlicher Größe und Ansprechpartnern auf Bauherrenseite freuen, die Sie bei solchen Projekten betreut haben. Wir würden uns nach Durchsicht der Unterlagen und Besichtigung der Referenzobjekte dann nochmals mit Ihnen in Verbindung setzen.

Mit freundlichen Grüßen

Familie Mustermann

verbleiben. In einem solchen Fall müssen Sie zusätzlich einen Bauleiter einschalten, der die Ausführung koordiniert. Es kann sich dabei zum Beispiel um einen bauleitungserfahrenen Architekten handeln, den Sie wie bereits beschrieben suchen können.

**Tipp**

Wenn Sie Ihr Wunschhaus gefunden haben, für das der Fertighausanbieter aber keinen Keller anbietet, lassen Sie sich von verschiedenen Fertigkelleranbietern die genaue Baubeschreibung eines zu Ihrem Haustyp passenden Kellers kommen und geben Sie diese Baubeschreibung mit der Bitte um eine Kostenschätzung an ein Bauunternehmen aus Ihrer Umgebung weiter. Vergleichen Sie die Preisdifferenzen.

## Der Vertrag mit dem Kellerbauunternehmen

**Technische Merkblätter als Vertragsbestandteil**

Vor der eigentlichen Bauphase kommt nun noch der Vertragsabschluss mit dem Kellerbauer. Ganz wichtig hierbei ist es, dass Sie die technischen Merkblätter Ihres Fertighausanbieters zum Vertragsbestandteil des Kellerbauers machen. Denn der Keller muss streng nach den technischen Vorschriften des Hausherstellers gebaut werden (zum Beispiel Kontaktpunkte, Tragfähigkeiten etc.), damit anschließend das Haus des Fertighausanbieters passgenau darauf errichtet werden kann.

Beim Vertragsabschluss mit dem Handwerksunternehmen orientiert man sich am Werkvertragsrecht des BGB (Bürgerliches Gesetzbuch). Dies umfasst die §§ 631 bis 651. Bei allen Abweichungen, die hiervon im Bauvertrag vorgenommen werden sollen, ist große Vorsicht geboten. Fast immer verschlechtern sie die Position des Verbrauchers.

Hinsichtlich der Vertragsgestaltung selber können Sie grundsätzlich zwischen zwei Varianten wählen, dem Einheitspreisvertrag und dem Pauschalvertrag.

**Zwei Varianten**

- Der Einheitspreisvertrag

  Beim Einheitspreisvertrag wird auf Grundlage des vorliegenden Angebotes bei den Vergabeverhandlungen zunächst eine vorläufige Vertragssumme vereinbart. Nach Fertigstellung der Arbeiten werden die Massen der einzelnen Positionen des Angebotes aufgemessen. Diese Daten dienen dann als Grundlage zur Ermittlung des endgültigen Betrags. Der Endpreis kann niedriger oder höher sein als die vorläufige Vertragssumme.

- Der Pauschalvertrag

  Beim Pauschalvertrag wird bei Vertragsabschluss ein Pauschalpreis vereinbart, der alle Nebenleistungen enthält, die zur ordnungsgemäßen Erbringung der Leistungen notwendig sind. Es findet kein Aufmaß der tatsächlich erbrachten Leistung mehr statt. Mehr- oder Minderleistungen in geringem Umfang werden nicht mehr berücksichtigt.

**Vor- und Nachteile**

Beide Vertragsformen haben Vor- und Nachteile: Während Sie beim Einheitspreisvertrag Glück haben können, zum Beispiel weil sich ganze Positionen als überflüssig herausstellen und wegfallen, kann es auch umgekehrt sein, dass Sie eine ganze Reihe von notwendigen Positionen übersehen haben und nun viele Nachforderungen auf Sie zukommen. Dies passiert Ihnen beim Pauschalvertrag nicht, hier steht vorrangig das Ziel im Vordergrund, also die zu erbringende Leistung, nicht die dafür benötigte Zeit oder Materialmenge und diese Leistung muss vom Unternehmer erbracht werden, auch wenn das in einem gewissen

Rahmen zusätzliche Arbeiten oder zusätzlichen Materialaufwand erfordert.

Allerdings hilft Ihnen auch der Pauschalvertrag nicht in jeder Situation. Haben Sie in Ihrer Ausschreibung für Erdarbeiten zum Beispiel den Aushub einer Baugrube vereinbart und das entsprechende Erdreich als Tonerde deklariert, dann wird Ihnen auch der Pauschalvertrag nichts nutzen, wenn sich plötzlich herausstellt, dass es sich doch um Felsboden handelt.

**Achten Sie auf folgende Punkte**

Beim Bauvertrag zwischen Ihnen und dem Unternehmer müssen Sie auf folgende Punkte in jedem Fall achten:

- Lassen Sie sich unabhängig von einem sachkundigen Anwalt beraten, wenn Sie Zweifel an einzelnen Passagen des Vertrages haben, oder holen Sie weitere Angebote ein.
- Vereinbaren Sie die Vertragsform und die Rechtsgrundlage, also zum Beispiel Pauschalvertrag nach BGB.
- Vereinbaren Sie den Vertrag auf der Grundlage des vom Unternehmer ausgefüllten Leistungsverzeichnisses bzw. Angebots inklusive aller Anlagen, wie Detailzeichnungen.
- Benennen Sie im Vertrag genaue Auftragssummen mit Netto- und Bruttoangaben, zum Beispiel jene aus der Ausschreibung bzw. jene aus den Vergabeverhandlungen. Schreiben Sie fest, wann, wie und in welcher Form der Unternehmer Sie auf eventuelle Kostenüberschreitungen aufmerksam machen muss.
- Vereinbaren Sie klare Regelungen zur Abwicklung der Rechnungszahlungen. Vereinbaren Sie diese aber in

jedem Falle nach dem Prinzip der primären Leistungserbringung und dann nachfolgender Zahlung. Für den Fall, dass Sie Ratenzahlungen vereinbaren, heißt dies zum Beispiel, dass Sie erst nach tatsächlich erbrachter Leistung und technischer Überprüfung mit Ihrem Architekten Gelder freigeben.

- Vereinbaren Sie nach einer festen Struktur Zwischengespräche zur gemeinsamen Sachstandsfeststellung mit dem Unternehmer über die jeweils erfolgten Leistungen.

- Vereinbaren Sie die verbindliche Einhaltung eines Bauzeitenplanes. Der Bauzeitenplan sollte als Anlage in den Kaufvertrag genommen werden.

- Vereinbaren Sie einen verbindlichen Fertigstellungstermin, evtl. mit Konventionalstrafe bei Nichterfüllung.

- Vereinbaren Sie für die Dauer der Gewährleistungszeit einen Sicherheitseinbehalt. Sie sind zum Einbehalt eines gewissen Geldbetrages der Auftragssumme berechtigt, wenn Sie dies vereinbart haben. Bei großen Summen (Kellerrohbau) sollten Sie 5 % der Auftragsbruttosumme einbehalten.

- Benennen Sie alle Anlagen des Vertrags, zum Beispiel Leistungsverzeichnisse (LV), besondere und zusätzliche Vertragsbedingungen aus dem LV, Technische Merkblätter des Fertighausanbieters, Nachweise über Eintragungen bei der Handwerkskammer, Versicherungsnachweise etc.

- Vereinbaren Sie eine „salvatorische Klausel", das heißt, dass bei Ungültigkeit eines Paragraphen des Vertrages nicht gleich der ganze Vertrag ungültig ist.

**Tipp**

Es ist immer zu empfehlen, sich den Vertragsentwurf zunächst in Ruhe alleine durchzusehen. So können Sie die Vertragsverhandlungen in Ruhe und fachlich fundiert vorbereiten.

## Der Kellerbau

**Begleiten Sie das Geschehen wachsam**

Unabhängig davon, ob Sie mit einem Architekten zusammenarbeiten oder mit einem Fertigkellerbauer, während des Bauablaufs sollten Sie das Geschehen wachsam begleiten. Sie sollten regelmäßig auf der Baustelle präsent sein, möglichst aber zu unterschiedlichen Zeiten, so dass sich niemand auf Ihre Anwesenheitszeiten einstellen kann. Es kann hierbei dazu kommen, dass Ihnen offensichtliche Baumängel auffallen. Um eine gute Mängeldokumentation und Beseitigung zu gewährleisten, ist es wichtig, dass Sie sich unabhängig von dem von Ihnen beauftragten Architekten oder Bauleiter selbstständig ein Bild der erbrachten Leistungen machen, am besten täglich. Wichtig hierbei ist

- ein gemeinsames, abgestimmtes Vorgehen mit dem von Ihnen beauftragten Architekten oder Bauleiter und
- eine gute, eigenständige Dokumentation Ihrerseits.

**Führen Sie ein Bautagebuch**

Dazu ist es notwendig, dass Sie unabhängig vom Architekten oder Bauleiter und für sich ein Bautagebuch führen. In dem Bautagebuch halten Sie alle Vorkommnisse auf einer Baustelle im täglichen Rhythmus fest. Dokumentieren Sie anhand von Gesprächsnotizen, Ablaufbeobachtungen und Fotodokumentationen den Bauablauf und dabei aufgetretene Probleme. Dies kann für Sie von großer Bedeutung sein.

Ihre Bautagebucheintragungen sollten mindestens immer folgende Eckwerte enthalten:

**Eckwerte des Bautagebuchs**

- Datum, Uhrzeit und laufende Nummer des Berichts
- Wie ist das Wetter, die Temperatur?
- Welche Firmen sind mit wie viel Personen anwesend?
- Wie ist der Stand der Arbeiten?
- Notizen zu Anordnungen, Besprechungen, Vorkommnissen
- Welche Fotos wurden gemacht?

Wenn Sie den Eindruck haben, einen Baumangel bemerkt zu haben, halten Sie dies schriftlich genau fest, evtl. auch fotodokumentarisch, und informieren Sie hiervon unverzüglich Ihren Architekten oder Bauleiter.

**Tipp**

Lassen Sie sich grundsätzlich alle Mängelrügen, die Ihr Bauleiter ausspricht, schriftlich geben oder zufaxen. Legen Sie diese gewerke- und datumsweise geordnet ab. So haben Sie eine unabhängige Kontrolle, dass Ihren Beanstandungen auch tatsächlich nachgegangen wird, und Sie behalten einen unabhängigen Überblick über die erforderlichen Nachbesserungen.

**Beispielentwurf**

Es ist sinnvoll, sich ein Bautagebuch frühzeitig aus vorgefertigten Formularen zusammenzustellen. Nebenstehend finden Sie einen Beispielentwurf. Durch die Vorformulierung laufen Sie weniger Gefahr, wichtige Eintragungen, wie zum Beispiel Datum, Uhrzeit, Temperaturen, Witterungsverhältnisse, An- und Ablieferungen oder anwesende Firmen, zu vergessen. In diesem Tagebuch halten Sie parallel auch Ihre Mängelfeststellungen fest,

| Bautagebuch | | | | Lfd. Nr. | Datum | | | | | Uhrzeit von – bis | | |
|---|---|---|---|---|---|---|---|---|---|---|---|---|
| Sonne | Wolkig | Regen | Schnee | Frost | Mo | Di | Mi | Do | Fr | Sa | So | Temp. ca. °C |

**Bauvorhaben:**

**Anwesende**

Firma: Anzahl Mitarbeiter:

Firma: Anzahl Mitarbeiter:

Firma: Anzahl Mitarbeiter:

**Feststellungen, Stand der Arbeiten**

**Anordnungen, Besprechungen, Abnahmen**

**Dokumentation, Fotos von**

6

| Bautagebuch | | | | Lfd. Nr. | Datum | | | | | Uhrzeit von – bis | | |
|---|---|---|---|---|---|---|---|---|---|---|---|---|
| Sonne | Wolkig | Regen | Schnee | Frost | Mo | Di | Mi | Do | Fr | Sa | So | Temp. ca. °C |

**Bauvorhaben:**

**Anwesende**

Firma: Anzahl Mitarbeiter:

Firma: Anzahl Mitarbeiter:

Firma: Anzahl Mitarbeiter:

**Feststellungen, Stand der Arbeiten**

**Anordnungen, Besprechungen, Abnahmen**

**Dokumentation, Fotos von**

die Sie dann in Kopie an Ihren Bauleiter weitergeben. Die Mängeldokumentation muss insbesondere Folgendes enthalten:

Mängeldokumentation

- Datum, Gewerk und beauftragtes Unternehmen,
- eine genaue Beschreibung des Mangels,
- evtl. eine Fotodokumentation des Mangels sowie
- bei bereits eingetretenen Schäden eine genaue Beschreibung des Schadens.

Ihr Bauleiter kann sich mit diesen Angaben nun auf der Baustelle nochmals kundig machen und dann eine offizielle Mängelrüge an den Unternehmer aussprechen, sofern er nicht selbst Angestellter des Unternehmens ist und unmittelbar selbst für die Beseitigung des Mangels sorgen muss.

## Kellerabnahme und Gewährleistung

Abnahme der Leistung

Nach Fertigstellung der von ihm zu erbringenden Leistungen hat der Kelleranbieter Anspruch auf die so genannte Abnahme seiner Leistung. Der Begriff der Abnahme bedeutet, dass Sie die erbrachten Bauleistungen „entgegennehmen“ und als vertragsgemäß anerkennen. Mängel stehen der Abnahme also nicht unbedingt entgegen. Die Rechte aus bekannten Mängeln gehen Ihnen auch nicht verloren, wenn die Mängel bei der Abnahme vorbehalten wurden. Sie stellen zum Beispiel bei der Abnahme fest, dass im Bad einige Fliesen beschädigt sind, und lassen dies im Abnahmeprotokoll festhalten. Aber es ist natürlich sinnvoll, zum Zeitpunkt der Abnahme keine Mängel mehr rügen zu müssen, sondern ein mängelfreies Gewerk auch übergeben zu bekommen. Etwas anderes ist es mit so genannten verdeckten Mängeln, die als solche nicht sofort erkennbar sind und deren Wirkungen sich oft erst sehr viel später zeigen. So kann es zum Beispiel passieren, dass sie erst nach dem Einzug feststellen, dass eine Wand feucht ist. Ebenso wie bei vorbehaltenen Mängeln haben Sie aber auch hier ein Recht auf Behebung. Die Abnahme hat rechtlich folgende Auswirkungen:

Rechtliche Auswirkung der Abnahme

- Der Unternehmer hat dann Anspruch auf Schlusszahlung.
- Die Gefahr für Schäden an der Leistung liegt jetzt beim Auftraggeber.
- Ohne Vorbehalt verliert der Auftraggeber den Anspruch auf fehlende Vertragsleistungen und die Beseitigung bekannter Mängel.
- Der Gewährleistungszeitraum beginnt.
- Umkehr der Beweislast auf den Auftraggeber (der Auftraggeber muss den Mangel nachweisen).

**Tipp**

Auf keinen Fall sollten Sie eine Kellerabnahme mit einem Fertighausanbieter durchführen, wenn dieser Ihnen das Haus inklusive Keller erstellt. Hier sollten Sie mit der Kellerabnahme in jedem Fall unbedingt warten, bis auch die Schlussabnahme des Hauses erfolgen kann, so dass Sie das Gesamtbauwerk entgegennehmen und alle evtl. Mängel offensichtlich sind und eine einheitliche Gewährleistungszeit für alle Bauelemente und Gewerke gilt.

Um innerhalb der Gewährleistungsfrist nach Abnahme (nach BGB fünf Jahre) sachlich fundiert und rechtlich sicher gegenüber dem Kelleranbieter auftreten zu können, ist es wichtig, dass Sie bei der Abnahme bestimmte Regeln einhalten. Unabdingbar ist hierbei, eine förmliche Abnahme durchzuführen mit einem schriftlichen Abnahmeprotokoll, das alle Teilnehmer unterschreiben müssen. Das Abnahmeprotokoll muss unbedingt folgende Punkte enthalten:

**Inhalt des Abnahmeprotokolls**

- Datum, Ort und Uhrzeit der Abnahme,
- die vollständigen Namen und die Funktion aller Anwesenden (Auftraggeber, evtl. Bauleiter oder Architekt, Unternehmer),
- die Übergabe von Unterlagen (Schlüssel, Papiere, Pläne etc.) muss dokumentiert sein,
- die strukturelle Vorgehensweise der Abnahme muss dokumentiert sein (zum Beispiel Beginn im Außenbereich, dann Gang in den Keller),
- ebenso die Wetterlage (Bewölkt? Sonnenschein? Schneedecke/schneebedeckte Bauteile? Temperatur? Luftfeuchtigkeit?),
- sichtbare Schäden und Mängel müssen aufgelistet und genau beschrieben werden, evtl. mit einer Sofortbildkamera dokumentiert,
- die ungefähre Höhe der Kosten für die Beseitigung der bestehenden Mängel muss dokumentiert sein,
- der Termin für Mängelbeseitigung muss vereinbart sein,
- ebenso die Höhe des Einbehalts bis zur Mängelfreiheit (nach BGB das Doppelte der zur Mangelbeseitigung notwendigen Kosten),
- halten Sie exakt fest, welche Bereiche nicht begangen oder eingesehen werden konnten, und klammern Sie diese notfalls aus,
- die Dauer der Abnahme muss dokumentiert sein und
- alle Teilnehmer müssen das Protokoll unterschreiben.

**Vermeiden Sie Parallelprotokolle**

Achten Sie darauf, dass es nur ein verbindliches Abnahmeprotokoll gibt, das von allen gegengezeichnet wird und das jeder in Form eines Durchschlags ausgehändigt bekommt. Vermeiden Sie in jedem Fall, dass Parallelprotokolle geschrieben werden und nachher jeder alles gegenzeichnet. Die Gefahr ist groß, dass dies in einer rechtlich völlig wirren und paradoxen Situation endet.

Jeder Beteiligte erhält einen Durchschlag des Protokolls. Stellen Sie sicher, dass das Protokoll vollständig ist und dass alle Punkte, die Sie mit ins Protokoll aufgenommen haben wollten, auch tatsächlich mit ins Protokoll aufgenommen wurden.

**Jede Seite sollte unterzeichnet werden**

Besteht das Abnahmeprotokoll aus mehreren Seiten, sollte jede Seite von allen Beteiligten unterzeichnet werden.

Die Abnahme des Kellers muss gut vorbereitet sein. Das heißt für Sie als Auftraggeber vor allem, dass Sie zum einen gut informiert auf die Baustelle kommen und zum anderen ausreichend Zeit mitbringen.

## Tipp

Entscheidend für eine Kellerabnahme, bei der der Keller nicht vom Fertighausanbieter selbst errichtet wurde, ist, dass Sie den Fertighausanbieter vor Abnahme des Kellers mit auf die Baustelle nehmen und ihn schriftlich seine Vorbehalte zu dem erstellten Kellerbauwerk fixieren lassen. Diese Vorbehalte müssen vom Kellerbauer unbedingt beseitigt werden und im Abnahmeprotokoll mit ihm Berücksichtigung finden.

# Kapitel 7
# Die Baudurchführung

## Die Baueingabe

**Die Baueingabe ist meist ein formaler Akt**

Da die Planungsunterlagen einzelner Haustypen von Fertighaus- und Fertigmassivhausanbietern in der Regel bereits fertig in der Schublade liegen, und dadurch ja auch Bestandteil des Vertrages mit Ihnen werden können, ist die Baueingabe durch den Fertighausanbieter oft nur ein formaler Akt. Wichtig dabei ist aber zu klären, ob der Fertighausanbieter die Baueingabe auch komplett abwickelt, also neben den Planzeichnungen und Berechnungen für das Gebäude zum Beispiel auch einen Lageplan erstellen lässt, die kompletten Unterlagen bei der Behörde einreicht und alle auftauchenden Fragen und Probleme während der behördlichen Prüfung der Unterlagen klärt. Darüber hinaus müssen Sie klären, ob in der Baueingabe des Hauses auch die Baueingabe für den eventuellen Keller mit enthalten ist. Sollte das nicht der Fall sein, müsste diese umgehend nachgereicht werden.

## Versicherungen während der Bauzeit

**Sorgen Sie für ausreichenden Versicherungsschutz**

Bevor die heiße Bauphase beginnt (dies gilt vor allem auch für den Fall, dass Sie Ihren Keller individuell planen und bauen), sollten Sie für ausreichenden Versicherungsschutz sorgen. Nicht nur das fertige Gebäude ist versicherbar, sondern auch das Objekt in der Bauphase. Bei der Fülle von Versicherungsdienstleistungen, die angeboten werden, sollten Sie die folgenden vier auf jeden Fall abschließen:

- die Feuerrohbauversicherung,
- die Bauleistungsversicherung,
- die Bauherrenhaftpflichtversicherung sowie
- die verbundene Wohngebäudeversicherung.

**Die Feuerrohbauversicherung**

Die Feuerrohbauversicherung schützt Sie ab Baubeginn gegen eventuelle Brandschäden und ist für die Bauzeit beitragsfrei, unter der Voraussetzung, dass von Baubeginn an auch eine Wohngebäudeversicherung abgeschlossen wird.

**Die Bauleistungsversicherung**

Die Bauleistungsversicherung deckt die Risiken aller am Bau Beteiligten ab. Der Beitrag wird deshalb auch auf alle Beteiligten umgelegt. Die Versicherung tritt für jeden Schaden ein, der durch ein unvorhergesehenes Ereignis verursacht wurde, unabhängig davon, wer den Schaden zu vertreten hat. Hierzu gehören beispielsweise Schäden durch Vandalismus oder unvorhersehbare Witterungseinflüsse.

**Die Bauherrenhaftpflichtversicherung**

Die Bauherrenhaftpflichtversicherung schützt Sie vor Schadensersatzforderungen, die durch Personen- oder Sachschäden durch Ihr Bauvorhaben entstanden sind. Die Versicherung prüft hierbei die Haftungsfrage, begleicht berechtigte Ansprüche und wehrt unberechtigte Ansprüche für Sie ab.

**Die verbundene Wohngebäudeversicherung**

Die verbundene Wohngebäudeversicherung schützt Sie vor finanziellen Schäden durch Brand, Blitzschlag, Explosion, Sturm, Hagel etc. nach Erstellung der Hauses und Bezugsfertigkeit. Die Absicherung gegen Feuer von Beginn an ist Voraussetzung für die Erteilung eines Darlehens. Auch Elementarschäden (zum Beispiel durch Überschwemmungen, Lawinen oder Erdbeben) können gegen Aufpreis mitversichert werden.

Es ist unmöglich, allgemeine Empfehlungen abzugeben, welche Versicherung wo sinnvoll abzuschließen ist.

Wichtig ist, dass Sie dieses Problem nicht vergessen und sich von einem Fachmann beraten lassen. Sie sollten sich einen Überblick verschaffen und dann gemäß Ihren individuellen Bedürfnissen eine Absicherung vornehmen. Dabei hilft Ihnen der Ratgeber: „Haus und Wohnung richtig versichern", den Sie bei allen Verbraucherzentralen erhalten.

**Anmeldung bei der örtlichen Bau-Berufsgenossenschaft**

Sofern Sie Eigenleistungen vornehmen und dabei Helfer einsetzen, sind Sie verpflichtet, diese bei der örtlichen Bau-Berufsgenossenschaft anzumelden. Ihre Helfer sind dann bei Unfällen versichert. Die Bauberufsgenossenschaften haben unter www.bgbau.de Informationen erstellt, die private Bauherren abrufen können.

**Tipp**

Wenn Sie selbst Hand anlegen, also konkret auf der Baustelle tätig sind, sollten Sie unbedingt auch an eine Unfallversicherung denken. Wenn Sie Kinder haben, sollten Sie diese keinesfalls mit auf die Baustelle nehmen. Auf Baustellen gibt es für Kinder unzählige Gefahrenstellen.

## Der Bauablauf im Überblick

**Machen Sie sich mit dem Bauablauf vertraut**

Mit dem Bauablauf kommt nun viel Neues auf Sie zu, das für die meisten der anderen Beteiligten Routine ist. Daher ist es unabdingbar, dass Sie sich vor Beginn der Bauphase mindestens mit dem Grundgerüst des Bauablaufs und den einzelnen Arbeitsschritten und Gewerken vertraut machen. Nachdem Ihr Baugesuch von den kommunalen Behörden positiv beschieden wurde, händigt Ihnen die zuständige Kommune den so genannten „Roten Punkt" aus, ein rotes Signet, zumeist auf einem DIN-A4- Blatt aufgedruckt, das Sie gut sichtbar an Ihrem Bauplatz aushängen müssen und das Ihre Bauberechtigung dokumentiert.

Je nachdem, ob Sie ein klassisches Holzfertighaus, ein Massiv-Fertighaus oder ein Bausatz- bzw. Selbstbauhaus bauen, ist der Bauablauf unterschiedlich. Charakteristisch für den Fertigbau ist der hohe Vorfertigungsgrad von Bauelementen bereits im Werk. Fenster und Türen sind beispielsweise in Wandelementen schon ebenso enthalten wie die Elektroinstallation. Bei der Errichtung eines Bausatzhauses folgt der Bauablauf dagegen dem üblichen Gewerkeablauf.

Varianten des Bauablaufs

Das vorliegende Kapitel stellt die unterschiedlichen Varianten des Ablaufs bei der Errichtung von Holz-Fertighäusern und Massiv-Fertighäusern vor und zeigt darüber hinaus den üblichen gewerkebezogenen Ablauf bei der Errichtung eines Selbstbauhauses.

### Kellerbau bzw. Bodenplatte

Der erste Arbeitsschritt besteht darin, auf dem Grundstück eine tragfähige Fläche zu schaffen, auf die später das Gebäude gestellt werden kann. Dies erfolgt entweder durch die Errichtung eines Kellers oder lediglich einer Bodenplatte. Dabei werden auch alle notwendigen Anschlussleitungen für Wasser, Strom, Telefon, Kabelanschluss, evtl. Gas und die Abwasserleitungen vorbereitet, damit sie an den für das Haus notwendigen Stellen zur Verfügung stehen.

Auch wenn Sie statt einem Keller nur eine Bodenplatte betonieren lassen, auf die das Fertighaus gestellt wird, sind doch viele Arbeitsschritte mit dem des Kellerbaus identisch, das heißt im Prinzip entspricht die Bodenplatte in etwa der Kellerdecke beim Kellerbau. Nachfolgend werden die Arbeitsabläufe beim Kellerbau erläutert.

**Baustelleneinrichtung**

Als Allererstes wird auf Ihrem Bauplatz die Baustelleneinrichtung vorgenommen. Es werden Lagerplätze für das Baumaterial festgelegt, Bauzäune aufgestellt, Baustrom gelegt, Bauwagen und WC-Häuschen werden abgestellt. Falls Kräne und andere Großgeräte erforderlich sind, werden auch diese aufgestellt, nachdem benötigte Laufrichtung, Schwenkkreis etc. feststehen. Wenn Sie Ihr Fertighaus ohne Keller bzw. Bodenplatte gekauft haben, müssen Sie sich um diese Dinge selbst kümmern oder zum Beispiel einen externen Bauleiter auf Honorarbasis mit der Bauleitung beauftragen. Massiv-Fertighausanbieter hingegen erstellen den Keller – wie in Kapitel 6 erwähnt – meist mit.

**Grobabsteckung und Erdarbeiten**

Als Nächstes erfolgt nun mit Pflöcken die so genannte Grobabsteckung, welche die Hauskanten und Ecken des Hauses definiert. Dann wird mit den Erdarbeiten begonnen, also mit dem Aushub und der Sicherung der Grube.

**Schnurgerüst und Fundamentarbeiten**

In der Baugrube wird das Schnurgerüst erstellt. Darunter versteht man die Markierung der Gebäudeecken mittels dreier vertikal in den Boden getriebener Holzpflöcke, die durch zwei horizontal angenagelte Bretter ergänzt werden. Ein solcher Schnurbock kennzeichnet jeweils eine Gebäudeecke. Anschließend folgen die Fundamentarbeiten. Hier wird in der Regel zunächst die Grundleitung gelegt, dann wird eine Kiesschüttung in die Grube eingebracht, es werden Folien, mitunter auch Dämmung gelegt und dann wird die Bodenplatte selbst gegossen.

**Rohbauarbeiten**

Auf der Bodenplatte beginnt dann der Maurer mit seinen Arbeiten. Er setzt zunächst nur eine Steinschicht in der gewünschten Wandanordnung des Grundrisses auf die Bodenplatte, um notfalls noch Korrekturen vornehmen zu können und um die Horizontalsperren (meist Dichtungsbahnen) auf diese erste Steinschicht aufbringen zu können. Anschließend mauert er gleichmäßig bis zur

Kellerdecke auf. Danach wird die Kellerdecke betoniert. Ist diese fertig, beginnt er mit der Aufmauerung des nächsten Geschosses oder aber es erfolgt an exakt diesem Punkt, nämlich der fertig gestellten Kellerdecke, die Übergabe an den Fertighausanbieter, der auf diese Decke nun sein Fertighaus setzt.

**Betonieren der Bodenplatte**

Wenn Sie sich für einen Fertigkeller entschieden haben, werden nach dem Betonieren der Bodenplatte die bereits im Werk vorgefertigten Wand- und Deckenelemente gesetzt und danach mittels Ortbeton zu einem massiven Bauteil miteinander verbunden.

**Dränarbeiten und Wandabdichtung**

Ist der Keller so weit fertig erstellt, kann er von außen bereits gegen Feuchtigkeit und eindringendes Wasser abgedichtet werden, wozu u.a. ein spezieller Bitumenanstrich erfolgt. Ist diese Schutzhaut mit allen Schichten fertig gestellt und gut abgetrocknet, kann die umlaufende Grube wieder verfüllt werden, zumeist mit einer Kiesfüllung. Zuvor wird auf Höhe der Fundamentsohle bzw. Bodenplatte kellerumlaufend noch ein so genanntes Dränagerohr eingelegt, welches das in den Boden von oben einsickernde Wasser schneller in ein kiesgefülltes Sickerloch abführt.

Kellerbau

Hausanschlüsse

Zu den letzten Schritten gehört die Verlegung der eingangs erwähnten Hausanschlüsse. Beim Kellerbau können diese auch nach dem Aufstellen des Fertighauses erfolgen, da man durch die Kellerräume die Leitungen von unten am Haus anschließen kann.

Wird lediglich eine Bodenplatte betoniert, müssen alle Anschlüsse bereits vorher exakt an den später benötigten Stellen vorhanden sein. Hier muss mit besonderer Aufmerksamkeit gearbeitet werden. Das Fehlen einer Abwasserleitung lässt sich nach dem Betonieren der Bodenplatte nicht mehr korrigieren.

### Das Aufstellen eines Holz-Fertighauses

Ist die Bodenplatte bzw. der Keller fertig gestellt, besteht der nächste Arbeitsschritt darin, das Fertighaus zu montieren. Hier gibt es deutlich Unterschiede zwischen den einzelnen Konstruktionsweisen.

#### Das Holz-Fertighaus in Holzrahmenbauweise

Bei dieser Konstruktionsweise werden bereits im Werk sämtliche Wandelemente vorgefertigt und auf der Baustelle montiert. Das geschieht geschossweise, wobei jeweils die Holzgeschossdecken als Arbeitsbühne für das nächste Geschoss dienen. In der Regel geht das sehr schnell. Eingespielte Teams von Fertighausanbietern schaffen die Aufstellung eines Hauses ab Oberkante Keller bzw. Bodenplatte innerhalb eines Tages. Auch die Fenster und die Haustüre sind meist schon in die Wandelemente eingebaut. Es folgt dann am nächsten Tag nur noch die Dacheindeckung und das Haus ist komplett wettergeschützt. Je nach vertraglich vereinbarter Ausbaustufe erfolgt entweder die Übergabe an den Eigentümer, oder der Innenausbau beginnt. Dieser dauert bei schlüsselfertiger Erstellung in der Regel weitere 10 bis 12 Wochen. Die nachfolgende Bildserie zeigt Ihnen beispielhaft die Arbeitsabläufe beim Aufstellen eines Holz-Fertighauses in Holzrahmenbauweise.

7

### Das Holz-Fertighaus in Holzskelettbauweise

Auch bei dieser Konstruktionsweise werden Wandelemente vorgefertigt auf die Baustelle gebracht und vor Ort zusammengefügt. Es wird also nicht unbedingt zuerst das Holzskelett gestellt und dieses dann mit Wand oder Fensterelementen ausgefacht, sondern die Vorbereitung im Werk erfolgt ebenfalls elementweise. Der Aufbau bis zur Regendichtheit dauert je nach Hausgröße zwei bis drei Tage. Danach beginnt auch hier der konventionelle Ausbau je nach vertraglich vereinbarter Ausbaustufe mit einer Dauer von ca. zwölf Wochen bei schlüsselfertiger Erstellung.

### Das Holz-Fertighaus in Blockbauweise

Beim Blockhaus werden die Wandelemente nicht vorgefertigt, sondern zugeschnittene und nummerierte Einzelteile in Paketen auf die Baustelle gebracht und zunächst sortiert. Innerhalb von ca. zwei Wochen werden diese dann zusammengefügt, bis schließlich das Gebäude wettergeschützt ist. Danach beginnt je nach vertraglich vereinbarter Ausbaustufe der konventionelle Ausbau mit einer Dauer von ca. zwölf Wochen bei schlüsselfertiger Erstellung.

## Das Aufstellen eines Massiv-Fertighauses

Da der Massivhausanbieter in der Regel auch die Bodenplatte bzw. den Keller erstellt, kommt es hier nicht zu einem Unternehmerwechsel auf der Baustelle. Massivhausanbieter arbeiten meist mit vorgefertigten Wand- und Deckenelementen, die auf der Baustelle zusammengefügt werden. Je nach Hersteller kann es sogar sein, dass nicht nur einzelne Wandelemente geliefert werden, sondern komplett vorgefertigte Gebäudeelemente, in denen Fenster, Türen und Wandfliesen bis hin zu kompletten Bädern und Küchen fertig montiert sind. Die Außenhülle ist bei den meisten Massivhausherstellern, die mit Wandelementen arbeiten, nach ein bis zwei Tagen regendicht. Danach wird je nach vereinbarter Ausbaustufe das Gebäude übergeben oder der schlüsselfertige Ausbau beginnt. Durch das Zusammensetzen komplett vorgefertigter Gebäudeelemente lässt sich die Ausbauzeit nochmals erheblich reduzieren.

Der Innenausbau folgt bei allen Konstruktionsweisen in der Regel der üblichen Gewerkeabfolge am Bau, die am Beispiel des Selbstbauhauses in Massivbauweise im folgenden Kapitel beschrieben wird.

**Der Bauablauf beim Selbstbau-Haus in Massivbauweise**

Nach den selbst ausgeführten Rohbauarbeiten des Kellers folgt das Aufmauern des Erdgeschosses und des Dachgeschosses. Hier wird zunächst jeweils nur eine Steinschicht in der gewünschten Wandanordnung des Grundrisses auf die Betondecken gesetzt, um notfalls noch Korrekturen vornehmen zu können und um die Horizontalsperren (meist Dichtungsbahnen wie zum Beispiel Dachbahnen) auf diese erste Steinschicht aufbringen zu können. Anschließend wird gleichmäßig bis zur geplanten Decke aufgemauert. Die Erdgeschossdecke wird in der Regel betoniert, die Decke über dem Dachgeschoss zusammen mit dem Dachstuhl in Holz ausgeführt.



**Zimmer- und Holzbauarbeiten**

Ist im Rohbau das letzte Geschoss so weit aufgemauert, dass Giebelwände und Kniestockwände stehen, kann der Dachstuhl gesetzt werden. Ist dieser gesetzt, gilt der Rohbau als abgeschlossen und Sie können Richtfest feiern.

**Dachdeckungsarbeiten**

Nach dem Richtfest wird der Dachstuhl eingedeckt. Dies ist ein wichtiges Etappenziel: Ab jetzt ist Ihr Rohbau gegen Regen, Wind und Schnee gut schützt und es kann mit dem Innenausbau begonnen werden. Parallel dazu werden die notwendigen Klempner- bzw. Blechnerarbeiten, wie zum Beispiel das Herstellen der Übergänge von Dachgauben zur Dachfläche, das Eindichten der Kaminanschlüsse etc. erstellt.

**Fenster und Türen**

Als Nächstes können die Fenster eingesetzt und es kann eine provisorische Eingangstür eingebaut werden. Der Rohbau ist jetzt vor unliebsamem Zutritt geschützt und der Ausbau kann beginnen.

**Heizungsarbeiten**

Jetzt kann die wichtigste Phase des Innenausbaus beginnen, da die montierten Fenster und Türen alle Folgegewerke vor zu großen Temperaturschwankungen schützen und auch wertvolle Einbauten wie Heizbrenner, Sanitärgegenstände etc. vor Diebstahl geschützt sind. Zunächst wird die Rohrverlegung der Heizung in Angriff genommen. Steig- und Fallstränge der Vor- und Rückläufe von der Heizzentrale zu den Heizkörpern sowie die Kopplung der Heizzentrale an die interne Versorgung über einen Öltank oder aber an die externe Versorgung über Gasleitungen oder Fernwärme etc. wird verlegt.

**Sanitärarbeiten**

Parallel zu den Heizungsarbeiten wird das Leitungssystem für Zu- und Abwasser und die speziellen Vorrichtungen und Führungen für die Bereitstellung von Warmwasser montiert.

**Elektroinstallationsarbeiten**

Danach werden im Haus eine Vielzahl von Kabelführungen, von den einzelnen Zimmern zu Verteilern und von dort an eine zentrale Zählerstelle (meist im Hausanschlussraum) verlegt.

**Schlosserarbeiten**

In dieser Zeit können auch Schlosserarbeiten wie zum Beispiel die Geländermontage, Vordächer und anderes ausgeführt werden, soweit diese im Lieferumfang des Hauses miteingeschlossen sind.

**Putzer- bzw. Gipserarbeiten**

Wenn Heizungs-, Sanitär- und Elektroinstallation abgeschlossen sind, können sämtliche Innenwände des Hauses sowie die Raumdecken verputzt werden.

**Rollladenarbeiten**

In die beim Rohbau bereits montierten Rollladenkästen können nun die Rollläden eingesetzt werden. Von innen werden dann die Gurtrollen und -bänder montiert.

**Fassadenarbeiten**

Abhängig von der Wetterlage können nun auch die Außenwände verputzt oder mit anderen Oberflächenmaterialien versehen werden.

**Estricharbeiten**

Nach Trocknung der Innenputze wird in allen Räumen Estrich eingebracht. Meist handelt es sich dabei um einen so genannten schwimmenden Estrich, der aus einer auf dem Rohboden liegenden Trittschall-Dämmschicht und einer darauf aufgebrachten Estrichschicht besteht. Diese wird in der Regel als Zementestrich ausgeführt. Der direkte Kontakt des Estrichs mit den Wänden wird durch das Stellen kleiner Randstreifen verhindert.

**Bodenbelagarbeiten**

Ist der Estrich gut ausgetrocknet, kann mit dem Verlegen von Fliesen oder Parkett begonnen werden. Teppicharbeiten werden ganz zum Schluss nach den Malerarbeiten ausgeführt.

**Montage der Haustüre**

Nach den Fliesenarbeiten sind die meisten Arbeiten fertig gestellt, die Schmutz erzeugen oder schweres Gerät erforderlich machen, das beim Betreten des Hauses Schäden an der Haustüre verursachen kann. Dies ist daher der richtige Zeitpunkt für den Austausch der provisorischen Bautüre gegen die richtige Haustüre.

**Innentüren**

Sind die Fliesenarbeiten bzw. Parkettarbeiten ausgeführt, folgt der Einbau der Innentüren.

**Montage der Sanitärgegenstände**

Sind die Böden und Wände in den Bädern gefliest, folgt die Montage der Sanitärgegenstände wie Waschbecken, WCs etc.

**Malerarbeiten**

Ganz zum Schluss folgen die Malerarbeiten an allen Innenwänden und -decken und, soweit erforderlich, an der Außenfassade.

**Montage von Heizkörpern, Schaltern und Steckdosen**

Nach den Malerarbeiten können die Heizkörper endgültig montiert werden. Außerdem werden die Schalter und Steckdosen gesetzt.

**Gebäudereinigung**

Der letzte Schritt besteht in der Endreinigung des Hauses, das nun bezugsfertig ist.

**Außenanlagen**

Die Außenanlagen werden abhängig von der Jahreszeit erstellt. Es ist jedoch ratsam, dass auch der Hauszugang bei Bezugsfertigkeit hergestellt ist, damit Sie nicht ständig Schmutz ins neue Haus bringen.

# Kapitel 8
# Mängelbeseitigung, Abnahme und Gewährleistung

**Die Abnahme des Hauses**

Nach der Fertigstellung des Gebäudes folgt die so genannte Abnahme des Hauses. Gegenüber dem klassischen Hausbau mit dem Architekten ist dies bei einem Fertighaus ein umfangreicher Schritt, denn es werden alle ausgeführten Leistungen auf einmal abgenommen. Der Vorteil liegt in einer einheitlichen Gewährleistungszeit für alle auftretenden Mängel. Der Nachteil besteht darin, dass einzelne wichtige Arbeitsschritte nicht mehr geprüft werden können. Ob die Dampfbremse (siehe Anhang) zum Beispiel fehlerfrei ausgeführt wurde, lässt sich am fertigen Objekt nicht mehr durch Sichtkontrolle feststellen. Innerhalb der dann folgenden Gewährleistungszeit besteht jedoch eine Nachbesserungspflicht durch den Hersteller, wenn solche Fehler erkennbar werden.

## Die Mängelbeseitigung in der Bauphase

**Nur ein Ansprechpartner**

Der große Vorteil beim Bauen mit dem Fertighausanbieter ist, dass Sie nur einen Ansprechpartner für die Mängelbeseitigung haben. Während Sie beim Planen und Bauen mit dem Architekten eine ganze Reihe verschiedener Handwerker und Unternehmen auf der Baustelle haben, mit den entsprechenden Arbeits- und Haftungsschnittpunkten, ist dies im Fertigbau größtenteils nicht der Fall. Die einzige Schnittstelle mit möglichen Problemen entsteht beim Fertigbau dann, wenn Keller und Haus von unterschiedlichen Herstellern geliefert werden. In diesem Zusammenhang ist die Kellerabnahme, wie in Kapitel 4 ausführlich geschildert, sehr wichtig und sollte kritisch und sorgfältig vorgenommen werden.

Ein Nachteil beim Bauen mit dem Fertighausanbieter liegt darin, dass der Bauleiter bei der Erstellung eines Fertighauses im Auftrag des Unternehmers handelt. Es kann also passieren, dass der Unternehmer Bauprobleme vor Ihnen verheimlicht.

Grundsätzlich bleibt Ihnen während der Bauphase eines Fertighauses nur wenig Zeit, Mängel direkt zu erkennen und sofort einzugreifen. Vor allem bei den klassischen Holzfertighäusern müssen Sie davon ausgehen, dass die Außenhülle binnen weniger Tage steht und Sie daher kaum Zeit haben, entsprechend einzugreifen, falls etwas schief geht.

**Wenig Zeit für die Erkennung von Mängeln**

Für Sie als Laie ist es schwierig, eine Mängelbeseitigung einzufordern, ohne den formal richtigen Weg zu kennen. Helfen kann Ihnen in der Situation zum Beispiel die Einschaltung eines unabhängigen Baufachmanns für die Dauer der Hauserstellung und Abnahme, der gemeinsam mit Ihnen die Baustelle kontrollierend im Auge behält (siehe Anhang).

**Hilfe durch einen unabhängigen Baufachmann**

In jedem Fall sind zwei Dinge ganz entscheidend, die Sie auch als Laie einfach erstellen können: eine möglichst lückenlose Fotodokumentation und ein Bautagebuch, mit dem Sie jeden Ihrer Besuche auf der Baustelle dokumentieren. Genau wie im Falle des Kellerbaus stellen Sie ein solches Bautagebuch am besten aus vorgefertigten Blättern her, damit Ihre Eintragungen sofort die richtige Ordnung haben und Sie keine wesentlichen Punkte vergessen. Da im Streitfalle vor Gericht gehefteten Bautagebüchern nicht die Beweiskraft zukommt wie gebundenen, sollten Sie kopierte Bautagebuchblätter in einem Copy-Shop auch gleich binden lassen, bevor Sie diese ausfüllen.

**Lassen Sie das Bautagebuch binden**



Ihre Bautagebucheintragungen beim Hausbau wie auch beim Kellerbau sollten mindestens folgende Eintragungen enthalten:

**Erforderliche Eintragungen**

- Datum, Uhrzeit und laufende Nummer des Berichts
- Wie ist das Wetter, die Temperatur?

- Welche Firmen sind mit wie viel Mann anwesend?
- Wie ist der Stand der Arbeiten?
- Notizen zu Anordnungen, Besprechungen, Vorkommnissen
- Welche Fotos wurden gemacht?

## Die Hausabnahme und die Gewährleistung

**Sie müssen die erbrachten Leistungen entgegennehmen**

Nach Fertigstellung der von ihm zu erbringenden Leistungen hat der Fertighausanbieter, genauso wie der Kellerbauer, Anspruch auf eine Abnahme seiner Leistung. Und genauso wie beim Kellerbauer gilt auch im Falle des Fertighauses: Der Begriff der Abnahme bedeutet, dass Sie die erbrachten Bauleistungen „entgegennehmen" und in der Hauptsache als vertragsgemäß anerkennen. Mängel stehen der Abnahme also auch hier nicht unbedingt entgegen. Die Rechte aus bekannten Mängeln gehen Ihnen gegenüber dem Fertighausanbieter nicht verloren, wenn die Mängel bei der Abnahme vorbehalten wurden. Bei so genannten verdeckten Mängeln, die als solche nicht sofort erkennbar sind und deren Wirkungen sich oft erst sehr viel später zeigen, haben Sie aber auch hier einen Anspruch auf Behebung innerhalb der Gewährleistungszeit. Die Abnahme hat rechtlich die gleichen Auswirkungen wie beim Kellerbau:

**Auswirkungen der Abnahme**

- Der Unternehmer hat Anspruch auf Schlusszahlung.
- Das Risiko für Schäden an der Leistung liegt jetzt beim Käufer.
- Ohne Vorbehalt verliert der Käufer den Anspruch auf fehlende Vertragsleistungen und die Beseitigung bekannter Mängel.

- Der Gewährleistungszeitraum beginnt.
- Umkehr der Beweislast auf den Auftraggeber (der Käufer muss den Mangel nachweisen).

Und wie beim Kellerbau auch, müssen Sie bei der Durchführung der Abnahme Ihres Fertighauses auf ganz bestimmte Regularien achten, um innerhalb der Gewährleistungsfrist nach Abnahme (nach VOB vier Jahre, nach BGB fünf Jahre) sachlich fundiert und rechtlich sicher gegenüber dem Fertighausanbieter auftreten zu können. Unabdingbar ist also eine förmliche Abnahme mit einem schriftlichen Abnahmeprotokoll, das alle Teilnehmer unterschreiben müssen. Ein solches Abnahmeprotokoll muss unbedingt folgende Punkte enthalten:

**Inhalt des Abnahmeprotokolls**

- Datum, Ort und Uhrzeit der Abnahme,
- die vollständigen Namen und die Funktion aller Anwesenden (Auftraggeber, Bauleiter, Unternehmer),
- Übergabe von Unterlagen (Schlüssel, Papiere, Pläne etc.) muss dokumentiert sein,
- die strukturelle Vorgehensweise der Abnahme muss dokumentiert sein (zum Beispiel Beginn im Keller, dann Gang in die oberen Geschosse und aufs Dach, schließlich Begutachtung von außen),
- die Wetterlage ist zu dokumentieren (bewölkt? Sonnenschein? Schneedecke/schneebedeckte Bauteile? Temperatur? Luftfeuchtigkeit?),
- sichtbare Schäden und Mängel müssen aufgelistet und genau beschrieben werden, evtl. mit einer Sofortbildkamera dokumentiert,
- etwaige Schadenshöhe der bestehenden Mängel muss dokumentiert werden,

- ein Termin für Mängelbeseitigung muss vereinbart werden,
- die Höhe des Einbehalts bis zur Mängelfreiheit muss vereinbart werden,
- Bereiche, die nicht begangen oder eingesehen werden konnten, müssen schriftlich festgehalten und aus der Abnahme ausgeklammert werden,
- die Dauer der Abnahme muss festgehalten werden und
- alle Teilnehmer müssen unterschreiben.

**Bereiten Sie sich auf die Abnahme gut vor**

Bereiten Sie die Abnahme gut vor. Kommen Sie gut informiert auf die Baustelle und bringen Sie ausreichend Zeit mit. Außerdem sollten Sie für den Abnahmetermin Ihres Fertighauses auf einigermaßen gute Wetterbedingungen bestehen. Um die Abnahme sorgfältig vorzubereiten, ist es – wie beim Kellerbau –unbedingt notwendig, dass Sie einige Tage vor dem angesetzten Termin alleine oder in Begleitung eines unabhängigen Sachkundigen durch das Gebäude gehen. Machen Sie sich genaue Notizen und nehmen Sie diese später zum Abnahmetermin mit. Machen Sie sich gleich eine Liste der Bereiche, die Sie nicht besichtigen können, sei es aus bautechnischen oder anderen Gründen (zum Beispiel weil die Kelleraußenwände schon mit Erdreich aufgefüllt sind oder weil eine Bautür etwa zum Heizungskeller abgeschlossen ist und niemand einen Schlüssel dabei hat). Nehmen Sie zu Ihrer Vorbesichtigung auch die komplette Baubeschreibung des Fertighausanbieters mit und überprüfen Sie mindestens stichprobenartig, ob die einzelnen Ausführungen der Baubeschreibung entsprechen.

Und denken Sie unbedingt daran, folgende Utensilien mitzunehmen:

Diese Dinge sollten Sie mitnehmen

- Wasserwaage,
- Zollstock oder Rollmaßband,
- Taschenlampe,
- Grundausrüstung an Werkzeug (Schraubenzieher, Schraubenschlüssel, Hammer, Zange),
- Schreibutensilien, evtl. auch ein Diktiergerät,
- Fotoapparat,
- Pflaster und Verbände,
- sämtliche Pläne in jeweils aktuellem Planstand,
- die Baubeschreibung bzw. Leistungsbeschreibung und
- das Protokoll der Bemusterung.

Vermeiden Sie Termindruck

Vermeiden Sie auch bei der Vorbegehung Termindruck oder Abendstunden mit schwierigen Sichtverhältnissen. Falls Sie befürchten, bei der Abnahme mit dem Fertighausanbieter Schwierigkeiten zu bekommen, können Sie überlegen, vorab auch einen Gutachter einzuschalten, der die erbrachten Leistungen in Augenschein nimmt und der Ihnen Ihre Anspruchsaussichten detailliert darlegt. So vermeiden Sie unter Umständen unnötige Rechtsstreitereien.

Achten Sie bei der Abnahme des Fertighauses unbedingt darauf, dass es nur ein verbindliches Abnahmeprotokoll gibt, das von allen gegengezeichnet wird und das jeder in Durchschrift ausgehändigt bekommt. Vermeiden Sie in jedem Fall, dass Parallelprotokolle geschrieben werden und nachher sozusagen jeder alles gegenzeichnet.

**Ein Abnahmeprotokoll muss gut vorbereitet sein**

Ein Abnahmeprotokoll für ein komplettes Haus muss gut vorbereitet sein. Es empfiehlt sich, hier in Form eines Raumbuches eine Matrix vorzubereiten, die raumweise für alle sichtbaren Gewerke Leerzeilen vorhält und wo auch angekreuzt werden kann, welche Gewerke nicht einsehbar waren.

Damit Sie bei Ihrer Abnahme an alles denken und nichts vergessen, finden Sie nachfolgend eine Checkliste mit allen Punkten, die Sie bei der Abnahme überprüfen sollten. Nach Überprüfung können Sie die Punkte in der Liste jeweils abhaken. Alles, was Ihnen beim Überprüfen auffällt und einen Mangel bedeuten kann, lassen Sie ins Abnahmeprotokoll aufnehmen.

**Lesen Sie die Checklisten in Ruhe durch**

Lesen Sie sich die Checklisten in Ruhe durch. Wenn Sie sich mit der Materie nicht wirklich sicher fühlen, schalten Sie für die Hausabnahme einen Sachverständigen ein. Adressen von vereidigten Sachverständigen werden Ihnen beispielsweise von der Industrie- und Handelskammer auf Anfrage zugesendet. Die Sachverständigen sind verschiedenen Fachgebieten zugeordnet, zum Beispiel dem Fachgebiet Bauschäden. Klären Sie im Vorfeld, wie viel Jahre Erfahrung der Sachverständige hat, und lassen Sie sich Referenzen geben. Prüfen Sie diese Referenzen und treffen Sie klare Honorarvereinbarungen.

**Die Anmeldung von Ansprüchen**

Hinsichtlich der Gewährleistungszeit ist es wichtig zu wissen, dass bei der Anmeldung von Ansprüchen unterschiedlich vorzugehen ist, je nachdem, ob der Vertrag auf der Grundlage der VOB oder des BGB abgeschlossen wurde: Während bei der VOB 4-Jahres-Frist ein ordnungsgemäßes Mängelschreiben an den Unternehmer innerhalb dieser vier Jahre Frist reicht, um die Gewährleistungszeit zu unterbrechen, ist dies im Falle der BGB 5-Jahres-Frist anders. Hier wird die Gewährleistungszeit nur unterbrochen durch Anerkenntnis des Mangels seitens des Unternehmers, durch Einleitung eines selbstständigen Beweissicherungsverfahrens oder durch Klageerhebung Ihrerseits. Entdecken Sie am Haus einen Mangel kurz vor Ablauf der Gewährleistungszeit, ist es ratsam, sofort einen auf Baurecht spezialisierten Anwalt einzuschalten, der Ihnen hilft, Ihre Ansprüche zu sichern.

Und schließlich noch etwas: Es nutzt Ihnen auch im Falle des gelieferten Fertighauses leider nichts, eine Bauabnahme einfach gar nicht stattfinden zu lassen, um so die Gewährleistungsfrist möglichst unendlich hinauszuzögern, denn – exakt wie im Falle des Kellerbaus – kann auch beim darauf montierten Fertighaus spätestens der Einzug der Erwerber in das Haus bei nicht offiziell erfolgter Abnahme des Bauwerks vor Gericht als anerkannte Abnahme gelten.

Die Gewährleistungsfrist beginnt mit dem Tag der erfolgten Abnahme: vier Jahre nach VOB oder fünf Jahre nach BGB.

## Prüfpunkte für die Hausabnahme – Innen

Die folgende Liste hilft Ihnen, wichtige Prüfpunkte bei der Hausabnahme nicht zu vergessen. Es handelt sich um Prüfpunkte, bei denen häufig Mängel gefunden werden. Punkte, die Sie überprüft haben, haken Sie einfach ab.

| Innenbereich – Keller | | | Keller | | | | | | | |
|---|---|---|---|---|---|---|---|---|---|---|
| | | | Raum: z.B. Flur | Raum: | Raum: | Raum: | Raum: | Raum: | Raum: | Raum: |
| 01 | Kelleraußentür | | | | | | | | | |
| | | Musterübereinstimmung Baubeschreibung | | | | | | | | |
| | | Schwenkradius | | | | | | | | |
| | | Öffnungsrichtung | | | | | | | | |
| | | Türhöhe / Türbreite | | | | | | | | |
| | | Schließmechanismus / Schlüssel | | | | | | | | |
| | | Beschläge | | | | | | | | |
| | | Wetterschenkel | | | | | | | | |
| | | dichtes Schließen / Türfalzdichtungen | | | | | | | | |
| | | Türblattoberfläche | | | | | | | | |
| | | Zargenoberfläche / Zargen-Wand-Anschluss | | | | | | | | |
| | | Türbänder / Befestigung | | | | | | | | |
| | | lotrechter Einbau | | | | | | | | |
| 02 | Innentüren | | | | | | | | | |
| | | Musterübereinstimmung Baubeschreibung | | | | | | | | |
| | | Schwenkradius | | | | | | | | |
| | | Öffnungsrichtung | | | | | | | | |
| | | Türhöhe / Türbreite | | | | | | | | |
| | | Schließmechanismus / Schlüssel | | | | | | | | |
| | | Beschläge | | | | | | | | |
| | | Dichtes Schließen / Türfalzdichtungen | | | | | | | | |
| | | Türblattoberfläche | | | | | | | | |
| | | Zargenoberfläche / Zargen-Wand-Anschluss | | | | | | | | |
| | | Türbänder / Befestigung | | | | | | | | |
| | | lotrechter Einbau | | | | | | | | |
| 03 | Fenster | | | | | | | | | |
| | | Musterübereinstimmung Baubeschreibung | | | | | | | | |
| | | Schwenkradius | | | | | | | | |
| | | Öffnungsrichtung | | | | | | | | |
| | | Schließmechanismus | | | | | | | | |
| | | Beschläge | | | | | | | | |
| | | Dichtes Schließen | | | | | | | | |
| | | Glasoberfläche | | | | | | | | |
| | | Befestigung | | | | | | | | |
| | | Wandanschluss | | | | | | | | |
| | | lotrechter Einbau | | | | | | | | |

## Prüfpunkte für die Hausabnahme – Innen

### Innenbereich – Keller

| | | | Keller | | | | | | | |
|---|---|---|---|---|---|---|---|---|---|---|
| | | | Raum: z.B. Flur | Raum: | Raum: | Raum: | Raum: | Raum: | Raum: | Raum: |
| **04** | **Fensterbänke** | | | | | | | | | |
| | | Oberfläche (Kratzer, Risse, Sprünge) | | | | | | | | |
| | | waagerechter Einbau | | | | | | | | |
| | | Wandanschluss | | | | | | | | |
| **05** | **Rollläden** | | | | | | | | | |
| | | Gangbarkeit | | | | | | | | |
| | | Rollladenband lotrecht | | | | | | | | |
| | | Verschmutzung | | | | | | | | |
| | | Verdunkelung | | | | | | | | |
| | | Befestigung Rollladenklappe | | | | | | | | |
| **06** | **Wandflächen** | | | | | | | | | |
| | ***Tapeten*** | Ebenheit | | | | | | | | |
| | | Anstrich | | | | | | | | |
| | | Nähte bei Tapeten, Anschlüsse, Stöße | | | | | | | | |
| | ***Putz*** | Oberflächenstruktur | | | | | | | | |
| | | Gleichmäßigkeit | | | | | | | | |
| | | Ebenheit | | | | | | | | |
| | | Anstrich, Anschlüsse | | | | | | | | |
| | ***Wandfliesen*** | Musterübereinstimmung Baubeschreibung | | | | | | | | |
| | | Ebenheit | | | | | | | | |
| | | Fugenbreite / Fugenverlauf | | | | | | | | |
| | | Sprünge | | | | | | | | |
| | | Durchstoßpunkte Sanitärinstallation | | | | | | | | |
| | | Bordüren | | | | | | | | |
| | | Ablagen mit Gefälle zum Raum | | | | | | | | |
| | | Übergänge zu Anschlussbauteilen (Tür etc.) | | | | | | | | |
| | | Befestigungen (Klopftest) | | | | | | | | |
| | ***Vorwand-installation*** | Befestigung | | | | | | | | |
| | | Übergänge zu Anschlusswänden | | | | | | | | |
| | | Revisionsöffnungen | | | | | | | | |
| | ***Sockel-leisten*** | waagerechter Einbau | | | | | | | | |
| | | Oberfläche | | | | | | | | |
| | | Wand- / Bodenanschluss | | | | | | | | |
| | | Stöße | | | | | | | | |

## Prüfpunkte für die Hausabnahme – Innen

| Innenbereich – Keller | | | Keller: Raum: z.B. Flur | Raum: | Raum: | Raum: | Raum: | Raum: | Raum: | Raum: |
|---|---|---|---|---|---|---|---|---|---|---|
| **07** | **Deckenuntersichten** | | | | | | | | | |
| | ***Tapeten*** | Ebenheit | | | | | | | | |
| | | Anstrich | | | | | | | | |
| | | Nähte bei Tapeten, Anschlüsse, Stöße | | | | | | | | |
| | | Deckenauslässe (Elektro) | | | | | | | | |
| | ***Putz*** | Oberflächenstruktur | | | | | | | | |
| | | Gleichmäßigkeit | | | | | | | | |
| | | Ebenheit | | | | | | | | |
| | | Anstrich, Anschlüsse | | | | | | | | |
| | | Deckenauslässe (Elektro) | | | | | | | | |
| **08** | **Bodenbeläge** | | | | | | | | | |
| | ***Teppich bzw. Linoleum*** | Musterübereinstimmung Baubeschreibung | | | | | | | | |
| | | Ebenheit | | | | | | | | |
| | | Schadenfreiheit | | | | | | | | |
| | | Fußleisten | | | | | | | | |
| | ***Bodenfliesen*** | Musterübereinstimmung Baubeschreibung | | | | | | | | |
| | | Ebenheit | | | | | | | | |
| | | Fugenbreite / Fugenverlauf | | | | | | | | |
| | | Beschädigungen | | | | | | | | |
| | | Durchstoßpunkte Sanitärinstallation | | | | | | | | |
| | | falls vorhanden: Bodenabläufe | | | | | | | | |
| | | Messingabschlussleisten / Übergänge | | | | | | | | |
| **09** | **Elektroinstallation** | | | | | | | | | |
| | | Schalter, Anzahl und Lage | | | | | | | | |
| | | Steckdosen, Anzahl und Lage | | | | | | | | |
| | | Schalterprogramm | | | | | | | | |
| | | Funktionsfähigkeit | | | | | | | | |
| | | Lichtauslässe, Anzahl und Lage | | | | | | | | |
| | | Herdanschluss | | | | | | | | |
| | | Zugerscheinung an Steckdosen | | | | | | | | |
| **10** | **Heizungsinstallation** | | | | | | | | | |
| | | Heizkörper / Dichtigkeit | | | | | | | | |
| | | Heizkörper / Oberfläche | | | | | | | | |
| | | Abnahme Schornsteinfeger | | | | | | | | |
| | | falls vorhanden: Entlüftung | | | | | | | | |

## Prüfpunkte für die Hausabnahme – Innen

| Innenbereich – Keller | | | Keller: Raum: z.B. Flur | Raum: | Raum: | Raum: | Raum: | Raum: | Raum: | Raum: |
|---|---|---|---|---|---|---|---|---|---|---|
| **10** | **Heizungsinstallation** | | | | | | | | | |
| | | Befestigung | | | | | | | | |
| | | Heizkörper, Lage, Anzahl, Größe | | | | | | | | |
| | | Funktionsfähigkeit / Dosierung / Thermostat | | | | | | | | |
| **11** | **Sanitärinstallation** | | | | | | | | | |
| | | Armaturen, Musterübereinstimmung | | | | | | | | |
| | | Objekte, Musterübereinstimmung | | | | | | | | |
| | | Befestigung | | | | | | | | |
| | | Einbauhöhe | | | | | | | | |
| | | Silikondichtungen | | | | | | | | |
| | | Funktionsfähigkeit | | | | | | | | |
| | | waagerechte Montage | | | | | | | | |
| | | Duschtrennwände | | | | | | | | |
| | | Bad- / WC-Accessoires vollständig? | | | | | | | | |
| **12** | **Treppen** | | | | | | | | | |
| | | Musterübereinstimmung | | | | | | | | |
| | | identische Antrittshöhen | | | | | | | | |
| | | Befestigung Geländer | | | | | | | | |
| | | Geländerhöhen | | | | | | | | |
| | | Handläufe, Befestigung | | | | | | | | |
| | | Handläufe, Oberfläche | | | | | | | | |
| | | Kopfhöhen | | | | | | | | |
| **13** | **Heizungsanlage** | | | | | | | | | |
| | ***Heizungs-raum*** | Raumbelüftung (Zuluft / Abluft) | | | | | | | | |
| | | Heizungsraumtür / Feuerschutz notwendig? | | | | | | | | |
| | ***Kamin*** | Abnahme Schornsteinfeger | | | | | | | | |
| | | Wandanschluss / Montage | | | | | | | | |
| | | Funktionsfähigkeit | | | | | | | | |
| | | Zuluft | | | | | | | | |
| | | Rauchabzug, Anschluss an Brenner | | | | | | | | |
| | ***Brenner*** | Funktionsfähigkeit | | | | | | | | |
| | | Laufruhe | | | | | | | | |
| | | Steuerung / Regulierung | | | | | | | | |
| | | Montage / Befestigung | | | | | | | | |

## Prüfpunkte für die Hausabnahme – Innen

| Innenbereich – Keller | | | Keller: Raum: z.B. Flur | Raum: | Raum: | Raum: | Raum: | Raum: | Raum: | Raum: |
|---|---|---|---|---|---|---|---|---|---|---|
| 13 | **Heizungsanlage** | | | | | | | | | |
| | ***Kessel*** | Funktionsfähigkeit | | | | | | | | |
| | | Laufruhe | | | | | | | | |
| | | Steuerung / Regulierung | | | | | | | | |
| | | Montage / Befestigung | | | | | | | | |
| | ***Pumpen*** | Funktionsfähigkeit | | | | | | | | |
| | | Laufruhe | | | | | | | | |
| | | Steuerung / Regulierung | | | | | | | | |
| | | Montage / Befestigung | | | | | | | | |
| | ***Rohre / Ventile*** | Funktionsfähigkeit | | | | | | | | |
| | | Dichtigkeit | | | | | | | | |
| | | Wärmeisolierung nach EnEV | | | | | | | | |
| | | Schallisolierung der Befestigungen | | | | | | | | |
| | | Montage / Befestigung | | | | | | | | |
| | ***Ausdehnungsgefäß*** | Funktionsfähigkeit | | | | | | | | |
| | | Dichtigkeit | | | | | | | | |
| | | Sicherheitsventile | | | | | | | | |
| | | Montage / Befestigung | | | | | | | | |
| | ***Evtl. Öltank*** | Dichtigkeit | | | | | | | | |
| | | Funktionsfähigkeit Öluhr | | | | | | | | |
| | | Zulauf | | | | | | | | |
| | | Ablauf | | | | | | | | |
| | | Überlauf | | | | | | | | |
| | | Montage / Befestigung | | | | | | | | |
| | ***Evtl. Gasheiztherme*** | Funktionsfähigkeit | | | | | | | | |
| | | Laufruhe | | | | | | | | |
| | | Steuerung / Regulierung | | | | | | | | |
| | | Montage / Befestigung | | | | | | | | |
| | ***Evtl. Fernwärmeübergabestation*** | Funktionsfähigkeit | | | | | | | | |
| | | Laufruhe | | | | | | | | |
| | | Steuerung / Regulierung | | | | | | | | |
| | | Montage / Befestigung | | | | | | | | |

# Prüfpunkte für die Hausabnahme – Innen

## Innenbereich – Keller

| | | | Keller | | | | | | | |
|---|---|---|---|---|---|---|---|---|---|---|
| | | | Raum: z.B. Flur | Raum: | Raum: | Raum: | Raum: | Raum: | Raum: | Raum: |
| **14** | **Hausanschluss** | | | | | | | | | |
| | ***Wasser-anschluss*** | Zulauf | | | | | | | | |
| | | Wanddurchstoßpunkte | | | | | | | | |
| | | Zähleruhren (Stadtwerke) | | | | | | | | |
| | | Dichtigkeit | | | | | | | | |
| | | Ventile / Funktionsfähigkeit | | | | | | | | |
| | | Montage / Befestigung | | | | | | | | |
| | ***Elektro-anschluss*** | Zuführung | | | | | | | | |
| | | Wanddurchstoßpunkte | | | | | | | | |
| | | Zähleruhren (Stadtwerke) | | | | | | | | |
| | | Isolierungen | | | | | | | | |
| | | Sicherungen / Funktionsfähigkeit | | | | | | | | |
| | | Montage / Befestigung | | | | | | | | |
| | ***Gas-anschluss*** | Zustrom | | | | | | | | |
| | | Wanddurchstoßpunkte | | | | | | | | |
| | | Zähleruhren (Stadtwerke) | | | | | | | | |
| | | Dichtigkeit | | | | | | | | |
| | | Ventile / Funktionsfähigkeit | | | | | | | | |
| | | Montage / Befestigung | | | | | | | | |
| | ***Fernwärme-anschluss*** | Zustrom | | | | | | | | |
| | | Wanddurchstoßpunkte | | | | | | | | |
| | | Zähleruhren (Stadtwerke) | | | | | | | | |
| | | Dichtigkeit | | | | | | | | |
| | | Ventile / Funktionsfähigkeit | | | | | | | | |
| | | Montage / Befestigung | | | | | | | | |

8

## Prüfpunkte für die Hausabnahme – Innen

Die folgende Liste hilft Ihnen, wichtige Prüfpunkte bei der Hausabnahme nicht zu vergessen. Es handelt sich um Prüfpunkte, bei denen häufig Mängel gefunden werden. Punkte, die Sie überprüft haben, haken Sie einfach ab.

### Innenbereich – EG und OG

| | | | EG und OG | | | | | | | |
|---|---|---|---|---|---|---|---|---|---|---|
| | | | Raum: z.B. Flur | Raum: | Raum: | Raum: | Raum: | Raum: | Raum: | Raum: |
| **01** | **Haustür** | | | | | | | | | |
| | | Musterübereinstimmung Baubeschreibung | | | | | | | | |
| | | Schwenkradius und Öffnungsrichtung | | | | | | | | |
| | | Türhöhe / Türbreite | | | | | | | | |
| | | Schließmechanismus / Schlüssel | | | | | | | | |
| | | Beschläge und Wetterschenkel | | | | | | | | |
| | | dichtes Schließen / Türfalzdichtungen | | | | | | | | |
| | | Türblattoberfläche | | | | | | | | |
| | | Zargenoberfläche / Zargen-Wand-Anschluss | | | | | | | | |
| | | Türbänder / Befestigung | | | | | | | | |
| | | lotrechter Einbau | | | | | | | | |
| **02** | **Innentüren** | | | | | | | | | |
| | | Musterübereinstimmung | | | | | | | | |
| | | Schwenkradius und Öffnungsrichtung | | | | | | | | |
| | | Türhöhe / Türbreite | | | | | | | | |
| | | Schließmechanismus / Schlüssel | | | | | | | | |
| | | Beschläge | | | | | | | | |
| | | dichtes Schließen / Türfalzdichtungen | | | | | | | | |
| | | Türblattoberfläche | | | | | | | | |
| | | Zargenoberfläche / Zargen-Wand-Anschluss | | | | | | | | |
| | | Türbänder / Befestigung | | | | | | | | |
| | | lotrechter Einbau | | | | | | | | |
| **03** | **Fenster** | | | | | | | | | |
| | ***auch von außen prüfen!*** | Schwenkradius und Öffnungsrichtung | | | | | | | | |
| | | Schließmechanismus, Beschläge | | | | | | | | |
| | | dichtes Schließen | | | | | | | | |
| | | Glasoberfläche | | | | | | | | |
| | | Befestigung, lotrechter Einbau | | | | | | | | |
| | | Wandanschluss innen und außen | | | | | | | | |
| | | Anschluss Rollladenschienen, Kasten | | | | | | | | |
| | | bei Holzfenstern: Anstrich, Haftung, Farbton | | | | | | | | |
| **04** | **Fensterbänke** | | | | | | | | | |
| | | Oberfläche (Kratzer, Risse, Sprünge) | | | | | | | | |
| | | waagerechter Einbau | | | | | | | | |
| | | Wandanschluss | | | | | | | | |

## Prüfpunkte für die Hausabnahme – Innen

### Innenbereich – EG und OG

| Nr. | | Prüfpunkt | EG und OG<br>Raum: z.B. Flur | Raum: | Raum: | Raum: | Raum: | Raum: | Raum: | Raum: |
|---|---|---|---|---|---|---|---|---|---|---|
| **05** | **Rollläden** | | | | | | | | | |
| | ***auch von außen prüfen!*** | Gangbarkeit | | | | | | | | |
| | | Rollladenband lotrecht | | | | | | | | |
| | | Verschmutzung | | | | | | | | |
| | | Verdunkelung | | | | | | | | |
| | | Befestigung Rollladenklappe | | | | | | | | |
| **06** | **Wandflächen** | | | | | | | | | |
| | ***Tapeten*** | Ebenheit | | | | | | | | |
| | | Anstrich | | | | | | | | |
| | | Nähte bei Tapeten, Anschlüsse, Stöße | | | | | | | | |
| | ***Putz*** | Oberflächenstruktur | | | | | | | | |
| | | Gleichmäßigkeit | | | | | | | | |
| | | Ebenheit | | | | | | | | |
| | | Anstrich, Anschlüsse | | | | | | | | |
| | ***Wandfliesen*** | Ebenheit | | | | | | | | |
| | | Fugenbreite / Fugenverlauf | | | | | | | | |
| | | Sprünge | | | | | | | | |
| | | Durchstoßpunkte Sanitärinstallation | | | | | | | | |
| | | Bordüren | | | | | | | | |
| | | Ablagen mit Gefälle zum Raum | | | | | | | | |
| | | Übergänge zu Anschlussbauteilen (Tür etc.) | | | | | | | | |
| | | Haftung am Untergrund (Klopftest) | | | | | | | | |
| | ***Vorwand-installation*** | Befestigung | | | | | | | | |
| | | Übergänge zu Anschlusswänden | | | | | | | | |
| | | Revisionsöffnungen | | | | | | | | |
| | ***Sockel-leisten*** | waagerechter Einbau | | | | | | | | |
| | | Oberfläche | | | | | | | | |
| | | Wand- / Bodenanschluss | | | | | | | | |
| | | Stöße | | | | | | | | |
| **07** | **Deckenuntersichten** | | | | | | | | | |
| | ***Tapeten*** | Ebenheit | | | | | | | | |
| | | Anstrich | | | | | | | | |
| | | Nähte bei Tapeten, Anschlüsse, Stöße | | | | | | | | |
| | | Deckenauslässe (Elektro) | | | | | | | | |
| | ***Putz*** | Oberflächenstruktur | | | | | | | | |
| | | Gleichmäßigkeit | | | | | | | | |
| | | Ebenheit | | | | | | | | |

8

## Prüfpunkte für die Hausabnahme – Innen

[illegible]

| Innenbereich – EG und OG | | | EG und OG | | | | | | | |
|---|---|---|---|---|---|---|---|---|---|---|
| | | | Raum: z.B. Flur | Raum: | Raum: | Raum: | Raum: | Raum: | Raum: | Raum: |
| **07** | **Deckenuntersichten** | | | | | | | | | |
| | ***Putz*** | Anstrich, Anschlüsse | | | | | | | | |
| | | Deckenauslässe (Elektro) | | | | | | | | |
| | ***Holz*** | Musterübereinstimmung | | | | | | | | |
| | | Montagelaufrichtung | | | | | | | | |
| | | Stöße | | | | | | | | |
| | | Randabschluss | | | | | | | | |
| | | Randleisten | | | | | | | | |
| | | Befestigung | | | | | | | | |
| | | Deckenauslässe (Elektro) | | | | | | | | |
| **08** | **Bodenbeläge** | | | | | | | | | |
| | ***Teppich bzw. Linoleum*** | Ebenheit | | | | | | | | |
| | | Musterübereinstimmung | | | | | | | | |
| | | Schadenfreiheit | | | | | | | | |
| | | Fußleisten | | | | | | | | |
| | ***Boden-fliesen*** | Ebenheit | | | | | | | | |
| | | Fugenbreite / Fugenverlauf | | | | | | | | |
| | | Sprünge | | | | | | | | |
| | | Durchstoßpunkte Sanitärinstallation | | | | | | | | |
| | | Falls vorhanden: Bodenabläufe | | | | | | | | |
| | | Messingabschlussleisten / Übergänge | | | | | | | | |
| | | Musterübereinstimmung | | | | | | | | |
| | ***Parkett*** | Ebenheit / Schliffbild | | | | | | | | |
| | | Verlegemuster / Verlegerichtung | | | | | | | | |
| | | Riss- oder Fugenbildung | | | | | | | | |
| | | Randabstände zur Wand | | | | | | | | |
| | | Eingelegte Korkstreifen | | | | | | | | |
| | | Messingabschlussleisten / Übergänge | | | | | | | | |
| | | Befestigung | | | | | | | | |
| **09** | **Elektroinstallation** | | | | | | | | | |
| | | Schalter, Anzahl und Lage | | | | | | | | |
| | | Steckdosen, Anzahl und Lage | | | | | | | | |
| | | Schalterprogramm | | | | | | | | |
| | | Funktionsfähigkeit | | | | | | | | |
| | | Lichtauslässe, Anzahl und Lage | | | | | | | | |
| | | Herdanschluss | | | | | | | | |
| | | Zugerscheinung an Steckdosen | | | | | | | | |

## Prüfpunkte für die Hausabnahme – Innen

[illegible]

| Innenbereich – EG und OG | | | EG und OG | | | | | | | |
|---|---|---|---|---|---|---|---|---|---|---|
| | | | Raum: z.B. Flur | Raum: | Raum: | Raum: | Raum: | Raum: | Raum: | Raum: |
| 10 | **Heizungsinstallation** | | | | | | | | | |
| | | Heizkörper, Dichtigkeit | | | | | | | | |
| | | Heizkörper, Oberfläche | | | | | | | | |
| | | Funktionsfähigkeit / Dosierung / Thermostat | | | | | | | | |
| | | Falls vorhanden: Entlüftung | | | | | | | | |
| | | Befestigung | | | | | | | | |
| | | Heizkörper, Lage, Anzahl, Größe | | | | | | | | |
| 11 | **Sanitärinstallation** | | | | | | | | | |
| | | Armaturen, Objekte gemäß Muster | | | | | | | | |
| | | Befestigung | | | | | | | | |
| | | Einbauhöhe | | | | | | | | |
| | | Silikondichtungen | | | | | | | | |
| | | Funktionsfähigkeit | | | | | | | | |
| | | waagerechte Montage | | | | | | | | |
| | | Duschtrennwände | | | | | | | | |
| | | Bad- / WC-Accessoires vollständig? | | | | | | | | |
| 12 | **Treppen** | | | | | | | | | |
| | | Musterübereinstimmung | | | | | | | | |
| | | identische Antrittshöhen | | | | | | | | |
| | | Befestigung Geländer, Geländerhöhen | | | | | | | | |
| | | Handläufe, Befestigung | | | | | | | | |
| | | Handläufe, Oberfläche | | | | | | | | |
| | | Kopfhöhen | | | | | | | | |
| 13 | **Kamine / Öfen** | | | | | | | | | |
| | | Musterübereinstimmung | | | | | | | | |
| | | Wandanschluss / Montage | | | | | | | | |
| | | Funktionsfähigkeit | | | | | | | | |
| | | Zuluft und Rauchabzug | | | | | | | | |
| | | Steuerung / Regulierung | | | | | | | | |
| 14 | **Terrassentür** | | | | | | | | | |
| | | Musterübereinstimmung | | | | | | | | |
| | | Schwenkradius und Öffnungsrichtung | | | | | | | | |
| | | Glasoberfläche | | | | | | | | |
| | | Türhöhe / Türbreite | | | | | | | | |
| | | Schließmechanismus / Schlüssel | | | | | | | | |
| | | Beschläge, Wetterschenkel | | | | | | | | |
| | | dichtes Schließen / Türfalzdichtungen | | | | | | | | |
| | | Zargenoberfläche / Zargen-Wand-Anschluss | | | | | | | | |
| | | Türbänder / Befestigung | | | | | | | | |
| | | lotrechter Einbau | | | | | | | | |

## Prüfpunkte für die Hausabnahme – Innen

Die folgende Liste hilft Ihnen, wichtige Prüfpunkte bei der Hausabnahme nicht zu vergessen. Es handelt sich um Prüfpunkte, bei denen häufig Mängel gefunden werden. Punkte, die Sie überprüft haben, haken Sie einfach ab.

| Innenbereich – Dachgeschoss | | | Dachgeschoss | | | | | | | |
|---|---|---|---|---|---|---|---|---|---|---|
| | | | Raum: z.B. Flur | Raum: | Raum: | Raum: | Raum: | Raum: | Raum: | Raum: |
| **01** | **Innentüren** | | | | | | | | | |
| | | Musterübereinstimmung | | | | | | | | |
| | | Schwenkradius | | | | | | | | |
| | | Öffnungsrichtung | | | | | | | | |
| | | Türhöhe / Türbreite | | | | | | | | |
| | | Schließmechanismus / Schlüssel | | | | | | | | |
| | | Beschläge | | | | | | | | |
| | | dichtes Schließen / Türfalzdichtungen | | | | | | | | |
| | | Türblattoberfläche | | | | | | | | |
| | | Zargenoberfläche / Zargen-Wand-Anschluss | | | | | | | | |
| | | Türbänder / Befestigung | | | | | | | | |
| | | lotrechter Einbau | | | | | | | | |
| **02** | **Balkonaußentüren** | | | | | | | | | |
| | | Musterübereinstimmung | | | | | | | | |
| | | Schwenkradius | | | | | | | | |
| | | Öffnungsrichtung | | | | | | | | |
| | | Türhöhe / Türbreite | | | | | | | | |
| | | Schließmechanismus / Schlüssel | | | | | | | | |
| | | Beschläge | | | | | | | | |
| | | Wetterschenkel | | | | | | | | |
| | | dichtes Schließen / Türfalzdichtungen | | | | | | | | |
| | | Türblattoberfläche | | | | | | | | |
| | | Zargenoberfläche / Zargen-Wand-Anschluss | | | | | | | | |
| | | Türbänder / Befestigung | | | | | | | | |
| | | lotrechter Einbau | | | | | | | | |
| **03** | **Fenster** | | | | | | | | | |
| | ***auch von außen prüfen!*** | Schwenkradius und Öffnungsrichtung | | | | | | | | |
| | | Schließmechanismus, Beschläge | | | | | | | | |
| | | dichtes Schließen | | | | | | | | |
| | | Glasoberfläche | | | | | | | | |
| | | Befestigung | | | | | | | | |
| | | Wandanschluss innen und außen | | | | | | | | |
| | | Anschluss Rollladenschienen, Kasten | | | | | | | | |
| | | bei Holzfenstern: Anstrich, Haftung, Farbton | | | | | | | | |
| | | lotrechter Einbau | | | | | | | | |

# Prüfpunkte für die Hausabnahme – Innen

| Innenbereich – Dachgeschoss | | | Dachgeschoss: Raum: z.B. Flur | Raum: | Raum: | Raum: | Raum: | Raum: | Raum: | Raum: |
|---|---|---|---|---|---|---|---|---|---|---|
| **04** | **Fensterbänke** | | | | | | | | | |
| | | Oberfläche (Kratzer, Risse, Sprünge) | | | | | | | | |
| | | waagerechter Einbau | | | | | | | | |
| | | Wandanschluss | | | | | | | | |
| **05** | **Rollläden** | | | | | | | | | |
| | ***auch von außen prüfen!*** | Gangbarkeit | | | | | | | | |
| | | Rollladenband lotrecht | | | | | | | | |
| | | Verschmutzung | | | | | | | | |
| | | Verdunkelung | | | | | | | | |
| | | Befestigung Rollladenklappe | | | | | | | | |
| **06** | **Wandflächen** | | | | | | | | | |
| | ***Tapeten*** | Ebenheit | | | | | | | | |
| | | Anstrich | | | | | | | | |
| | | Nähte bei Tapeten, Anschlüsse, Stöße | | | | | | | | |
| | ***Putz*** | Oberflächenstruktur | | | | | | | | |
| | | Gleichmäßigkeit | | | | | | | | |
| | | Ebenheit | | | | | | | | |
| | | Anstrich, Anschlüsse | | | | | | | | |
| | ***Wandfliesen*** | Ebenheit | | | | | | | | |
| | | Fugenbreite / Fugenverlauf | | | | | | | | |
| | | Sprünge | | | | | | | | |
| | | Durchstoßpunkte Sanitärinstallation | | | | | | | | |
| | | Bordüren | | | | | | | | |
| | | Ablagen mit Gefälle zum Raum | | | | | | | | |
| | | Übergänge zu Anschlussbauteilen (Tür etc.) | | | | | | | | |
| | | Befestigungen (Klopftest) | | | | | | | | |
| | ***Vorwand-installation*** | Befestigung | | | | | | | | |
| | | Übergänge zu Anschlusswänden | | | | | | | | |
| | | Revisionsöffnungen | | | | | | | | |
| | ***Sockel-leisten*** | waagerechter Einbau | | | | | | | | |
| | | Oberfläche | | | | | | | | |
| | | Wand- / Bodenanschluss | | | | | | | | |
| | | Stöße | | | | | | | | |

## Prüfpunkte für die Hausabnahme – Innen

Die folgende Liste hilft Ihnen, wichtige Prüfpunkte bei der Hausabnahme nicht zu vergessen. Es handelt sich hierbei um Prüfpunkte, bei denen häufig Mängel gefunden werden. Punkte, die Sie überprüft haben, kreuzen Sie einfach an.

| Innenbereich – Dachgeschoss | | | Dachgeschoss | | | | | | | |
|---|---|---|---|---|---|---|---|---|---|---|
| | | | Raum: z.B. Flur | Raum: | Raum: | Raum: | Raum: | Raum: | Raum: | Raum: |
| **07** | **Deckenuntersichten** | | | | | | | | | |
| | ***Tapeten*** | Ebenheit | | | | | | | | |
| | | Anstrich | | | | | | | | |
| | | Nähte bei Tapeten, Anschlüsse, Stöße | | | | | | | | |
| | | Deckenauslässe (Elektro) | | | | | | | | |
| | ***Putz*** | Oberflächenstruktur | | | | | | | | |
| | | Gleichmäßigkeit | | | | | | | | |
| | | Ebenheit | | | | | | | | |
| | | Anstrich, Anschlüsse | | | | | | | | |
| | | Deckenauslässe (Elektro) | | | | | | | | |
| | ***Holz*** | Musterübereinstimmung | | | | | | | | |
| | | Montagelaufrichtung | | | | | | | | |
| | | Stöße | | | | | | | | |
| | | Randabschluss | | | | | | | | |
| | | Randleisten | | | | | | | | |
| | | Befestigung | | | | | | | | |
| | | Deckenauslässe (Elektro) | | | | | | | | |
| **08** | **Bodenbeläge** | | | | | | | | | |
| | ***Teppich bzw. Linoleum*** | Ebenheit | | | | | | | | |
| | | Musterübereinstimmung | | | | | | | | |
| | | Schadenfreiheit | | | | | | | | |
| | | Fußleisten | | | | | | | | |
| | ***Boden-fliesen*** | Ebenheit | | | | | | | | |
| | | Fugenbreite / Fugenverlauf | | | | | | | | |
| | | Sprünge | | | | | | | | |
| | | Durchstoßpunkte Sanitärinstallation | | | | | | | | |
| | | falls vorhanden: Bodenabläufe | | | | | | | | |
| | | Messingabschlussleisten / Übergänge | | | | | | | | |
| | | Musterübereinstimmung | | | | | | | | |
| | ***Parkett*** | Ebenheit | | | | | | | | |
| | | Schliffbild | | | | | | | | |
| | | Verlegemuster / Verlegerichtung | | | | | | | | |
| | | Riss- oder Fugenbildung | | | | | | | | |
| | | Randabstände zur Wand | | | | | | | | |
| | | Eingelegte Korkstreifen | | | | | | | | |

# Prüfpunkte für die Hausabnahme – Innen

Die folgende Liste hilft Ihnen, wichtige Prüfpunkte bei der Hausabnahme nicht zu vergessen. Es handelt sich hierbei um Prüfpunkte, bei denen häufig Mängel gefunden werden. Punkte, die Sie überprüft haben, kreuzen Sie einfach an.

## Innenbereich – Dachgeschoss

| | | | Dachgeschoss | | | | | | | |
|---|---|---|---|---|---|---|---|---|---|---|
| | | | Raum: z.B. Flur | Raum: | Raum: | Raum: | Raum: | Raum: | Raum: | Raum: |
| **08** | **Bodenbeläge** | | | | | | | | | |
| | ***Parkett*** | Messingabschlussleisten / Übergänge | | | | | | | | |
| | | Befestigung | | | | | | | | |
| **09** | **Elektroinstallation** | | | | | | | | | |
| | | Schalter, Anzahl und Lage | | | | | | | | |
| | | Steckdosen, Anzahl und Lage | | | | | | | | |
| | | Schalterprogramm | | | | | | | | |
| | | Funktionsfähigkeit | | | | | | | | |
| | | Lichtauslässe, Anzahl und Lage | | | | | | | | |
| | | Herdanschluss | | | | | | | | |
| | | Zugerscheinung an Steckdosen | | | | | | | | |
| **10** | **Heizungsinstallation** | | | | | | | | | |
| | | Heizkörper / Dichtigkeit | | | | | | | | |
| | | Heizkörper, Oberfläche | | | | | | | | |
| | | Funktionsfähigkeit / Dosierung / Thermostat | | | | | | | | |
| | | falls vorhanden: Entlüftung | | | | | | | | |
| | | Befestigung | | | | | | | | |
| | | Heizkörper, Lage, Anzahl, Größe | | | | | | | | |
| | | Standrost am Kamin | | | | | | | | |
| **11** | **Sanitärinstallation** | | | | | | | | | |
| | | Armaturen, Musterübereinstimmung | | | | | | | | |
| | | Objekte, Musterübereinstimmung | | | | | | | | |
| | | Befestigung | | | | | | | | |
| | | Einbauhöhe | | | | | | | | |
| | | Silikondichtungen | | | | | | | | |
| | | Funktionsfähigkeit | | | | | | | | |
| | | waagerechte Montage | | | | | | | | |
| | | Duschtrennwände | | | | | | | | |
| | | Bad- / WC-Accessoires vollständig? | | | | | | | | |
| **12** | **Treppen** | | | | | | | | | |
| | | Musterübereinstimmung | | | | | | | | |
| | | identische Antrittshöhen | | | | | | | | |
| | | Befestigung Geländer | | | | | | | | |
| | | Geländerhöhen | | | | | | | | |
| | | Handläufe, Befestigung | | | | | | | | |

8

## Prüfpunkte für die Hausabnahme – Innen

### Innenbereich – Dachgeschoss

| Nr. | Prüfpunkt | Detail | Raum: z.B. Flur | Raum: | Raum: | Raum: | Raum: | Raum: | Raum: | Raum: |
|---|---|---|---|---|---|---|---|---|---|---|
| **12** | **Treppen** | | | | | | | | | |
| | | Handläufe, Oberfläche | | | | | | | | |
| | | Kopfhöhen | | | | | | | | |
| | | Einschubtreppe, Funktion | | | | | | | | |
| | | Einschubtreppe, Musterübereinstimmung | | | | | | | | |
| **13** | **Dachfenster** | | | | | | | | | |
| | | Wandanschlüsse | | | | | | | | |
| | | Funktionsfähigkeit | | | | | | | | |
| | | Musterübereinstimmung | | | | | | | | |
| | | Feststellen zum Putzen möglich | | | | | | | | |
| | | höher als umgebende Dachfläche montiert | | | | | | | | |
| | | Falzdichtung des Fensters | | | | | | | | |

(Spalten „Raum“: Dachgeschoss)

## Prüfpunkte für die Hausabnahme – Außen

Die folgende Liste hilft Ihnen, wichtige Prüfpunkte bei der Hausabnahme nicht zu vergessen. Es handelt sich um Prüfpunkte, bei denen häufig Mängel gefunden werden. Punkte, die Sie überprüft haben, haken Sie einfach ab.

| Außenbereich – Fassade | | | Fassade: z.B. Ost | Fassade: | Fassade: | Fassade: | Fassade: | Fassade: | Fassade: | Fassade: |
|---|---|---|---|---|---|---|---|---|---|---|
| 01 | Dränage | | | | | | | | | |
| | | Evtl. Kiesstreifen | | | | | | | | |
| | | Übergang zu Haussockel | | | | | | | | |
| | | Übergang zu Grundstück / Einfassung | | | | | | | | |
| | | Anschüttung an Kellerlichtschächte | | | | | | | | |
| 02 | Lichtschächte | | | | | | | | | |
| | ***Gitterroste*** | Korrosion | | | | | | | | |
| | | Montage / Befestigung | | | | | | | | |
| | | Öffenbarkeit / Einbruchsicherung | | | | | | | | |
| | ***Kunststoff-schacht*** | Oberfläche | | | | | | | | |
| | | Anarbeitung an Hauswand / Dichtigkeit | | | | | | | | |
| | | Wasserabführung | | | | | | | | |
| | | Zugänglichkeit | | | | | | | | |
| | | lotrechter Einbau | | | | | | | | |
| | | Musterübereinstimmung | | | | | | | | |
| | ***Beton-schacht*** | Oberfläche | | | | | | | | |
| | | Anarbeitung an Hauswand / Dichtigkeit | | | | | | | | |
| | | Wasserabführung | | | | | | | | |
| | | Zugänglichkeit | | | | | | | | |
| | | lotrechter Einbau | | | | | | | | |
| | | Musterübereinstimmung | | | | | | | | |
| 03 | Sockel | | | | | | | | | |
| | ***Beton*** | Oberfläche | | | | | | | | |
| | | Ebenheit | | | | | | | | |
| | | Gleichmäßigkeit | | | | | | | | |
| | | Eckausführungen | | | | | | | | |
| | | Übergang Sockelfußpunkt | | | | | | | | |
| | | Übergang zu Hausfassade | | | | | | | | |
| | | Anarbeitung an Lichtschächte, Fenster, Tür | | | | | | | | |
| | ***Putz*** | Putzmusterung | | | | | | | | |
| | | Ebenheit | | | | | | | | |
| | | Gleichmäßigkeit | | | | | | | | |
| | | Eckausführungen / Putzleisten | | | | | | | | |
| | | Übergang Sockelfußpunkt | | | | | | | | |
| | | Übergang zu Hausfassade | | | | | | | | |

8

## Prüfpunkte für die Hausabnahme – Außen

Die folgende Liste hilft Ihnen, wichtige Prüfpunkte bei der Hausabnahme nicht zu vergessen. Es handelt sich hierbei um Prüfpunkte, bei denen häufig Mängel gefunden wurden. Punkte, die Sie überprüft haben, kreuzen Sie einfach an.

| Außenbereich – Fassade | | | Fassade: z.B. Ost | Fassade: | Fassade: | Fassade: | Fassade: | Fassade: | Fassade: | Fassade: |
|---|---|---|---|---|---|---|---|---|---|---|
| **03** | **Sockel** | | | | | | | | | |
| | ***Putz*** | Anarbeitung an Lichtschächte, Fenster, Tür | | | | | | | | |
| | | Putzhaftung (Klopftest) | | | | | | | | |
| | ***Klinker / Plättchen*** | Sprünge | | | | | | | | |
| | | Ebenheit | | | | | | | | |
| | | Fugenbreite / Fugenverlauf | | | | | | | | |
| | | Eckausführungen | | | | | | | | |
| | | Übergang Sockelfußpunkt | | | | | | | | |
| | | Übergang zu Hausfassade | | | | | | | | |
| | | Anarbeitung an Lichtschächte, Fenster, Tür | | | | | | | | |
| | | Montage / Befestigung (Klopftest) | | | | | | | | |
| **04** | **Fassade** | | | | | | | | | |
| | ***Klinker*** | bei Hinterlüftung: Lüftungsschlitze | | | | | | | | |
| | | Risse / Sprünge | | | | | | | | |
| | | Ebenheit | | | | | | | | |
| | | Fugenbreite / Fugenverlauf | | | | | | | | |
| | | Eckausführungen | | | | | | | | |
| | | Anarbeitung an First und Ortgang | | | | | | | | |
| | | Anarbeitung an Fenster und Türen | | | | | | | | |
| | | Montage / Befestigung | | | | | | | | |
| | | Fensterstürze gemäß Muster? | | | | | | | | |
| | | Farbton | | | | | | | | |
| | ***Putz/Wärmedämmverbundsystem*** | absolute Dichtigkeit an Anschlusspunkten | | | | | | | | |
| | | abs. Dicht. des Wärmedämmverbundsystems | | | | | | | | |
| | | Ebenheit | | | | | | | | |
| | | Risse / Materialübergänge | | | | | | | | |
| | | Gleichmäßigkeit | | | | | | | | |
| | | Eckausführungen / Putzleisten | | | | | | | | |
| | | Anarbeitung an First und Ortgang | | | | | | | | |
| | | Anarbeitung an Fenster und Türen | | | | | | | | |
| | | Putzhaftung | | | | | | | | |
| | | Farbton | | | | | | | | |
| | ***Holz*** | absolute Dichtigkeit am Sockelanschluss | | | | | | | | |
| | | aber: Verschalung zur Hinterlüftung offen | | | | | | | | |
| | | Gitterschutz am Lufteintritt | | | | | | | | |
| | | Ablaufblech mit Tropfkante unter Lufteintritt | | | | | | | | |

## Prüfpunkte für die Hausabnahme – Außen

[illegible]

### Außenbereich – Fassade

| Nr. | Bereich | Prüfpunkt | Fassade: z.B. Ost | Fassade: | Fassade: | Fassade: | Fassade: | Fassade: | Fassade: | Fassade: |
|---|---|---|---|---|---|---|---|---|---|---|
| **04** | **Fassade** | | | | | | | | | |
| | ***Holz*** | Verschalungsmuster | | | | | | | | |
| | | Lattenstöße | | | | | | | | |
| | | Eckausführungen | | | | | | | | |
| | | Anarbeitung an First und Ortgang | | | | | | | | |
| | | Anarbeitung an Fenster und Türen | | | | | | | | |
| | | Montage / Befestigung | | | | | | | | |
| | | Farbton | | | | | | | | |
| **05** | **Fensterbänke** | | | | | | | | | |
| | | Oberfläche (Kratzer, Sprünge, Risse) | | | | | | | | |
| | | waagerechter Einbau | | | | | | | | |
| | | Gefälle vom Haus weg | | | | | | | | |
| | | Fassadenanschluss | | | | | | | | |
| | | Rollladenschienenanschluss | | | | | | | | |
| | | seitliche Einfassung | | | | | | | | |
| | | ausreichender Überstand zur Fassade | | | | | | | | |
| | | Tropfkante an Vorderseite | | | | | | | | |
| **06** | **Rollläden** | | | | | | | | | |
| | | vollständiges Aufrollen im Kasten | | | | | | | | |
| | | Mit Stoppern versehen? | | | | | | | | |
| | | Alle Lamellen waagerecht? | | | | | | | | |
| | | Farbton | | | | | | | | |
| | | Rollladenschienen lotrecht? | | | | | | | | |
| | | Anarbeitung Rollladenschienen oben/unten | | | | | | | | |
| **07** | **Außentreppen** | | | | | | | | | |
| | ***Treppen*** | Musterübereinstimmung | | | | | | | | |
| | | identische Antrittshöhen | | | | | | | | |
| | | Ebenheit | | | | | | | | |
| | | Kopfhöhen | | | | | | | | |
| | | Entwässerung / Bodenabläufe | | | | | | | | |
| | | Anschlüsse Fassade, Sockel, Terrasse | | | | | | | | |
| | | bei Kellertreppen: Umfassungsmauern | | | | | | | | |
| | | Übergänge Bodenbeläge | | | | | | | | |
| | | Eingelegte Gitterroste | | | | | | | | |
| | ***Geländer*** | Korrosion Geländer | | | | | | | | |
| | | Befestigung Geländer | | | | | | | | |

## Prüfpunkte für die Hausabnahme – Außen

Die folgende Liste hilft Ihnen, wichtige Prüfpunkte bei der Hausabnahme nicht zu vergessen. Es handelt sich hierbei um Prüfpunkte, bei denen häufig Mängel gefunden werden. Punkte, die Sie überprüft haben, kreuzen Sie einfach an.

| Außenbereich – Fassade | | | Fassade: z.B. Ost | Fassade: | Fassade: | Fassade: | Fassade: | Fassade: | Fassade: | Fassade: |
|---|---|---|---|---|---|---|---|---|---|---|
| 07 | **Außentreppen** | | | | | | | | | |
| | ***Geländer*** | Geländerhöhen | | | | | | | | |
| | | Handläufe, Befestigung | | | | | | | | |
| | | Handläufe, Oberfläche | | | | | | | | |
| | ***Geflieste Treppen*** | Verlegemuster / Verlegerichtung | | | | | | | | |
| | | Fugenausbildung und Verlauf | | | | | | | | |
| | | Randsockel | | | | | | | | |
| | | Riffelungen gegen Rutschgefahr | | | | | | | | |
| | | Anarbeitungen an Bodenabläufe, Gitterroste | | | | | | | | |
| | | Farbton / Fliesenqualität | | | | | | | | |
| | | Montage / Befestigung (Klopftest) | | | | | | | | |
| 08 | **Terrassen** | | | | | | | | | |
| | ***Terrassen*** | Ebenheit / leichtes Gefälle vom Haus weg | | | | | | | | |
| | | Entwässerung / Bodenabläufe | | | | | | | | |
| | | Anschlüsse Fassade, Sockel, Treppen | | | | | | | | |
| | | Übergänge Bodenbeläge | | | | | | | | |
| | | Anmodellierung Erdreich | | | | | | | | |
| | | eingelegte Gitterroste | | | | | | | | |
| | ***Geländer*** | Befestigung Geländer | | | | | | | | |
| | | Korrosion Geländer | | | | | | | | |
| | | Geländerhöhen | | | | | | | | |
| | | Handläufe, Befestigung | | | | | | | | |
| | | Handläufe, Oberfläche | | | | | | | | |
| | ***Geflieste Terrassen*** | Verlegemuster / Verlegerichtung | | | | | | | | |
| | | Fugenausbildung und Verlauf | | | | | | | | |
| | | Randsockel | | | | | | | | |
| | | Riffelungen gegen Rutschgefahr | | | | | | | | |
| | | Anarbeitungen an Bodenabläufe, Gitterroste | | | | | | | | |
| | | Farbton / Fliesenqualität | | | | | | | | |
| | | Montage / Befestigung (Klopftest) | | | | | | | | |
| | ***Holzbohlen-terrasse*** | Bohlenstärke | | | | | | | | |
| | | Bohlenmontage / Befestigung | | | | | | | | |
| | | Bohlenhinterlüftung | | | | | | | | |
| | | Bohlenverlegerichtung | | | | | | | | |
| | | Ebenheit | | | | | | | | |
| | | Holzschutzbehandlung | | | | | | | | |

# Prüfpunkte für die Hausabnahme – Außen

## Außenbereich – Fassade

| Nr. | Bereich | Prüfpunkt | Fassade: z.B. Ost | Fassade: | Fassade: | Fassade: | Fassade: | Fassade: | Fassade: | Fassade: |
|---|---|---|---|---|---|---|---|---|---|---|
| **09** | **Balkone** | | | | | | | | | |
| | ***Balkone*** | Ebenheit / leichtes Gefälle vom Haus weg | | | | | | | | |
| | | Entwässerung / Bodenabläufe | | | | | | | | |
| | | Anschlüsse Fassade | | | | | | | | |
| | | Übergänge Bodenbeläge | | | | | | | | |
| | | eingelegte Gitterroste | | | | | | | | |
| | ***Geländer*** | Befestigung Geländer | | | | | | | | |
| | | Korrosion Geländer | | | | | | | | |
| | | Verzinkungen / Farbanstriche | | | | | | | | |
| | | Geländerhöhen | | | | | | | | |
| | | Handläufe, Befestigung | | | | | | | | |
| | | Handläufe, Oberfläche | | | | | | | | |
| | ***Geflieste Balkone*** | Verlegemuster / Verlegerichtung | | | | | | | | |
| | | Fugenausbildung und Verlauf | | | | | | | | |
| | | Randsockel | | | | | | | | |
| | | Riffelungen gegen Rutschgefahr | | | | | | | | |
| | | Anarbeitungen an Bodenabläufe, Gitterroste | | | | | | | | |
| | | Farbton / Fliesenqualität | | | | | | | | |
| | | Montage / Befestigung (Klopftest) | | | | | | | | |
| | ***Holzbohlen-balkone*** | Bohlenstärke | | | | | | | | |
| | | Bohlenmontage / Befestigung | | | | | | | | |
| | | Bohlenhinterlüftung | | | | | | | | |
| | | Bohlenverlegerichtung | | | | | | | | |
| | | Ebenheit | | | | | | | | |
| | | Holzschutzbehandlung | | | | | | | | |
| **10** | **Rinnen / Fallrohre** | | | | | | | | | |
| | | leichter Gefälleverlauf der Trauf-Rinnen | | | | | | | | |
| | | lotrechter Verlauf der Fallrohre | | | | | | | | |
| | | Metall: Korrosion / Abplatzungen | | | | | | | | |
| | | Kunststoff: Risse / Sprünge | | | | | | | | |
| | | Montage / Befestigung (Rütteltest) | | | | | | | | |
| | | Dehnungsausgleich der Rinnen | | | | | | | | |
| | | Unterspannbahn / Traufblech bis in Rinne | | | | | | | | |
| | | Montagepunkte der Rohre an Fassade | | | | | | | | |
| | | gute Abdichtung Montagepunkte | | | | | | | | |

8

## Prüfpunkte für die Hausabnahme – Außen

[illegible]

### Außenbereich – Fassade

| Nr. | Bereich | Prüfpunkt | Fassade: z.B. Ost | Fassade: | Fassade: | Fassade: | Fassade: | Fassade: | Fassade: | Fassade: |
|---|---|---|---|---|---|---|---|---|---|---|
| **10** | **Rinnen / Fallrohre** | | | | | | | | | |
| | | Anschluss Rohre an Sockel-Fallrohr | | | | | | | | |
| | | Schutz Sockel-Fallrohr gegen Rammung | | | | | | | | |
| | | Rinnenvorderkante tiefer als Rückkante | | | | | | | | |
| | | durchgängig nur ein Metall verwandt | | | | | | | | |
| **11** | **Steildach** | | | | | | | | | |
| | ***Traufkante*** | falls vorhanden: Traufverschalung | | | | | | | | |
| | | Dichtigkeit aller Anschlusspunkte | | | | | | | | |
| | | Montage / Befestigung Traufverschalung | | | | | | | | |
| | | falls sichtbar: Sparren-Enden (Sitz, Risse) | | | | | | | | |
| | | Auskleidung Sparrenzwischenräume | | | | | | | | |
| | | Montage / Befestigung Sparren-Enden | | | | | | | | |
| | | bei hinterlüftetem Dach: Lufteintrittsöffnung | | | | | | | | |
| | | Unterspannbahn | | | | | | | | |
| | | Traufblech (Montage, Sitz, Korrosion) | | | | | | | | |
| | | Dachüberstand wie geplant? (Messen) | | | | | | | | |
| | | Anarbeitung Hausfassade an Traufe | | | | | | | | |
| | | Schneefanggitter (Montage, Sitz, Korrosion) | | | | | | | | |
| | ***Ortgang*** | falls vorhanden: Ortgangblech | | | | | | | | |
| | | Dichtigkeit aller Anschlusspunkte | | | | | | | | |
| | | Zustand Ortgangziegel | | | | | | | | |
| | | Montage / Befestigung Pfettenköpfe | | | | | | | | |
| | | falls sichtbar: Pfettenköpfe (Sitz, Risse) | | | | | | | | |
| | | Anarbeitung Hausfassade an Pfettenköpfe | | | | | | | | |
| | | Dachüberstand wie geplant? (Messen) | | | | | | | | |
| | | Anarbeitung Hausfassade an Ortgang | | | | | | | | |
| | ***First*** | Geradliniger Verlauf? (kein Durchhängen) | | | | | | | | |
| | | bei Ziegeldeckung: Firstziegelbefestigung | | | | | | | | |
| | | Blitzschutz montiert an höchstem Punkt? | | | | | | | | |
| | | bei Blechdeckung: kein Stoßpunkt am First | | | | | | | | |
| | ***Dach-deckung*** | Musterübereinstimmung | | | | | | | | |
| | | gleichmäßige Verlegung | | | | | | | | |
| | | saubere Abschlüsse, kein Flickwerk | | | | | | | | |
| | | fester Sitz der Ziegel | | | | | | | | |
| | | Trittstufen für Schornsteinfeger | | | | | | | | |
| | | zusätzliche Ziegel für Reparatur vorhanden | | | | | | | | |

# Prüfpunkte für die Hausabnahme – Außen

## Außenbereich – Fassade

| Nr. | Bauteil | Prüfpunkt | Fassade: z.B. Ost | Fassade: | Fassade: | Fassade: | Fassade: | Fassade: | Fassade: | Fassade: |
|---|---|---|---|---|---|---|---|---|---|---|
| **11** | **Steildach** | | | | | | | | | |
| | ***Entlüftungen*** | rundum dichte Einbindung | | | | | | | | |
| | | Rohroberfläche (Kratzer, Risse) | | | | | | | | |
| | | Korrosion | | | | | | | | |
| | | durchgängig ein Metall verwandt | | | | | | | | |
| | | Hutschutz auf dem Rohrkopf | | | | | | | | |
| | | Montage stabil | | | | | | | | |
| | ***Schornstein*** | Anarbeitung an Dachfläche | | | | | | | | |
| | | bei Mauerung: Fugenstärke und -verlauf | | | | | | | | |
| | | bei hohen Schornsteinen: Sicherungsanker | | | | | | | | |
| | | falls vorhanden: Schutzdach Schornstein | | | | | | | | |
| | | lotrechter Verlauf | | | | | | | | |
| | | evtl. Kamindurchmesser | | | | | | | | |
| **12** | **Flachdach** | | | | | | | | | |
| | ***Attika*** | Oberfläche (Kratzer, Risse) | | | | | | | | |
| | | Korrosion | | | | | | | | |
| | | durchgängig ein Metall verwandt | | | | | | | | |
| | | Blechverkleidung mit Abstand zu Hauswand | | | | | | | | |
| | | Verkleidung außen mit Tropfkante | | | | | | | | |
| | | Verkleidung mit Gefälle zum Flachdach | | | | | | | | |
| | | dichter Anschluss an Dachbahnen innen | | | | | | | | |
| | | Vorstoß- u. Abdeckblech fest ineinander | | | | | | | | |
| | | Montage stabil gegen Wind etc. | | | | | | | | |
| | | Ecken und Kanten dicht u. überlappt | | | | | | | | |
| | | Stöße dicht | | | | | | | | |
| | | Attikahöhe innen ausreichend (15–20 cm) | | | | | | | | |
| | | Durchstoßpunkte Rinnen absolut dicht | | | | | | | | |
| | ***Dachbelag*** | Kiesschüttung Kieselmaterial | | | | | | | | |
| | | Kiesschüttung Kieselgröße | | | | | | | | |
| | | Kiesschüttung Höhe | | | | | | | | |
| | | Kiesschüttung gleichmäßige Verteilung | | | | | | | | |
| | | bei Substratschüttung Kornsubstanz | | | | | | | | |
| | | bei Substratschüttung Korngröße | | | | | | | | |
| | | bei Substratschüttung Höhe | | | | | | | | |
| | | bei Substratschüttung gleichmäßige Vert. | | | | | | | | |

## Prüfpunkte für die Hausabnahme – Außen

Die folgende Liste hilft Ihnen, wichtige Prüfpunkte bei der Hausabnahme nicht zu vergessen. Es handelt sich hierbei um Prüfpunkte, bei denen häufig Mängel gefunden werden. Punkte, die Sie überprüft haben, kreuzen Sie einfach an.

### Außenbereich – Fassade

| Nr. | Bauteil | Prüfpunkt | Fassade: z.B. Ost | Fassade: | Fassade: | Fassade: | Fassade: | Fassade: | Fassade: | Fassade: |
|---|---|---|---|---|---|---|---|---|---|---|
| **12** | **Flachdach** | | | | | | | | | |
| | ***Dachbelag*** | Substratsubstanz | | | | | | | | |
| | ***Dacheinläufe*** | rundum dichte Einbindung | | | | | | | | |
| | | frei von Schmutz | | | | | | | | |
| | | ohne Beschädigungen | | | | | | | | |
| | | Montage stabil | | | | | | | | |
| | | Gefälleausbildung rundum | | | | | | | | |
| | ***Entlüftungen*** | rundum dichte Einbindung | | | | | | | | |
| | | Rohroberfläche (Kratzer, Risse) | | | | | | | | |
| | | Korrosion | | | | | | | | |
| | | durchgängig ein Metall verwandt | | | | | | | | |
| | | Hutschutz auf dem Rohrkopf | | | | | | | | |
| | | Montage stabil | | | | | | | | |
| | ***Schornstein*** | Anarbeitung an Dachfläche | | | | | | | | |
| | | bei Mauerung: Fugenstärke und -verlauf | | | | | | | | |
| | | bei hohen Schornsteinen: Sicherungsanker | | | | | | | | |
| | | falls vorhanden: Schutzdach Schornstein | | | | | | | | |
| | | lotrechter Verlauf | | | | | | | | |
| | | evtl. Kamindurchmesser | | | | | | | | |
| | ***Oberlichter*** | rundum dichte Einbindung | | | | | | | | |
| | | höher als umgebende Dachfläche montiert | | | | | | | | |
| | | Öffnungsmechanismus | | | | | | | | |
| | | Oberfläche (Kratzer) | | | | | | | | |
| | | Glaseinfassung | | | | | | | | |
| | | Falzdichtung bei beweglichem Oberlicht | | | | | | | | |
| | | Feststellungsmechanismus | | | | | | | | |
| | ***Dachterrassen*** | keine Durchstoßpunkte durch Dachhaut | | | | | | | | |
| | | Dachhaut an allen Anschlusspunkten dicht | | | | | | | | |
| | | Boden mit Gefälle mit Wasserabläufen | | | | | | | | |
| | | Notablauf | | | | | | | | |
| | | D.-terrassenbelag Musterübereinstimmung | | | | | | | | |
| | | Dachterrassenbelag (Sprünge, Korrosion) | | | | | | | | |
| | | Geländermontage nicht durch Dachhaut | | | | | | | | |
| | | Geländermontage stabil | | | | | | | | |
| | | Geländer Korrosion | | | | | | | | |

# Kapitel 9
# Anhang

# Wichtige Adressen

## Fertighaushersteller (Verbände)

**Bundesverband Deutscher Fertigbau e.V. (BDF)**
Flutgraben 2
53604 Bad Honnef
Telefon 0 22 24/93 77-0
Telefax 0 22 24/93 77-77
www.bdf-ev.de

**DHV – Deutscher Holzfertigbauverband e.V.**
Geschäftsstelle
Hackländerstraße 43
70184 Stuttgart
Telefon 07 11/2 39 96-54
Telefax 07 11/2 39 96-60
www.holzfertigbauverband.de

**Gütegemeinschaft Deutscher Fertigbau e.V.**
Hackländerstrasse 43
70184 Stuttgart
Telefon 07 11/2 39 96-54
Telefax 07 11/2 39 96-60
www.guete-gemeinschaft.de

**ZimmerMeisterHaus Service&Dienstleistungs GmbH**
Stauffenbergstraße 20
74523 Schwäbisch Hall
Telefon 07 91/94 94 74-0
Telefax 07 91/94 94 74-22
www.zmh.com

## Gütegemeinschaften und Zertifizierungen

**Gütegemeinschaft Niedrigenergie-Häuser e.V.**
Am Schnellbäumle 16
88400 Biberach
Telefon 0 73 51/57 89-4 88
Telefax 0 73 51/57 89-4 89
www.guetezeichen-neh.de

**Qualitätsgemeinschaft Deutscher Fertigbau (QDF)**
Flutgraben 2
53604 Bad Honnef
Telefon 0 22 24/93 77-0
Telefax 0 22 24/93 77 77
www.bdf-ev.de/german/qualitaetsgemeinschaft/index.html

**Bundes-Gütegemeinschaft Montagebau und Fertighäuser e.V.**
Flutgraben 2
53604 Bad Honnef
Telefon 0 22 24/93 77-0
Telefax 0 22 24/93 77-77
www.guetesicherung-bau.de

**ZimmerMeisterHaus®**
Stauffenbergstraße 20
74523 Schwäbisch Hall
Telefon 08 00/9 64 02 66 (Gebührenfrei)
Telefax 07 91/94 94 74-22
www.zmh.com

**Gütegemeinschaft Holzbau – Ausbau – Dachbau e.V.**
Kronenstraße 55–58
10117 Berlin
Telefon 0 30/20 31 45 71
Telefax 0 30/20 31 45 61
www.ghad.de

**Deutscher Massivholz- und Blockhausverband e.V.**
**Gütegemeinschaft Blockhausbau e.V.**
Erzgießereistraße 45
80335 München
Telefon 0 89/45 20 91 37
Telefax 0 89/45 20 91 36
www.dmbv.de

**Gütegemeinschaft Fertigkeller e.V.**
Flutgraben 2
53604 Bad Honnef
Telefon 0 22 24/93 77-0
Telefax 0 22 24/93 77-77
www.kellerbau.info

## Bauberatung und -information

**Bauherren-Schutzbund e.V.**
Kleine Alexanderstraße 9–10
10178 Berlin
Telefon 0 30/3 12 80 01
Telefax 0 30/31 50 72 11
www.bsb-ev.de

**Institut Bauen und Wohnen**
Wippertstraße 2
79100 Freiburg
Telefon 07 61/1 56 24 00
Telefax 07 61/15 62 47 90
www.institut-bauen-und-wohnen.de
Das Institut bietet bundesweit die Prüfung von Baubeschreibungen an.

**Verband privater Bauherren e.V.**
Chausseestraße 8
10115 Berlin
Telefon 0 30/2 78 90 10
Telefax 0 30/27 89 01 11
www.vpb.de

**Wohnen im Eigentum.**
**Die Wohneigentümer e.V.**
Thomas-Mann-Straße 5
53111 Bonn
Telefon 02 28/30 41 26 70
Telefax 02 28/7 21 58 73
www.wohnen-im-eigentum.de
Der Verein bietet die Prüfung von Baubeschreibungen, baubegleitende Qualitätskontrollen und Vor-Ort-Bauberatungen an.

## Energieberatung

Adressen zur bundesweiten Energieberatung der Verbraucherzentralen finden Sie im Internet unter www.vzbv.de.

**Bundesamt für Wirtschaft und Ausfuhrkontrolle (BAFA)**
Frankfurter Straße 29–35
65760 Eschborn
Telefon 0 61 96/9 08-0
Telefax 0 61 96/9 08-8 00
www.bafa.de

## Adressen der Verbraucherzentralen

**Verbraucherzentrale**
**Baden-Württemberg e.V.**
Paulinenstraße 47
70178 Stuttgart
Telefon 07 11/66 91-10
Telefax 07 11/66 91-50
www.verbraucherzentrale-bawue.de

**Verbraucherzentrale**
**Bayern e.V.**
Mozartstraße 9
80336 München
Telefon 0 89/53 98-70
Telefax 0 89/53 75 53
www.verbraucherzentrale-bayern.de

**Verbraucherzentrale**
**Berlin e.V.**
Hardenbergplatz 2
10623 Berlin
Telefon 0 30/2 14 85-0
Telefax 0 30/2 11 72 01
www.verbraucherzentrale-berlin.de

**Verbraucherzentrale**
**Brandenburg e.V.**
Templiner Straße 21
14473 Potsdam
Telefon 03 31/2 98 71-0
Telefax 03 31/2 98 71-77
www.vzb.de

**Verbraucherzentrale**
**des Landes Bremen e.V.**
Altenweg 4
28195 Bremen
Telefon 04 21/16 07 77
Telefax 04 21/1 60 77 80
www.verbraucherzentrale-bremen.de

**Verbraucherzentrale**
**Hamburg e.V.**
Kirchenallee 22
20099 Hamburg
Telefon 0 40/2 48 32-0
Telefax 0 40/2 48 32-2 90
www.vzhh.de

**Verbraucherzentrale**
**Hessen e.V.**
Große Friedberger Straße 13–17
60313 Frankfurt/Main
Telefon 0 69/97 20 10-0
Telefax 0 69/97 20 10-50
www.verbraucher.de

**Neue Verbraucherzentrale in**
**Mecklenburg-Vorpommern e.V.**
Strandstraße 98
18055 Rostock
Telefon 03 81/2 08 70 50
Telefax 03 81/2 08 70 30
www.nvzmv.de

**Verbraucherzentrale**
**Niedersachsen e.V.**
Herrenstraße 14
30159 Hannover
Telefon 05 11/9 11 96-0
Telefax 05 11/9 11 96-10
www.vzniedersachsen.de

**Verbraucherzentrale**
**Nordrhein-Westfalen e.V.**
Mintropstraße 27
40215 Düsseldorf
Telefon 02 11/38 09-0
Telefax 02 11/38 09-1 72
www.vz-nrw.de

**Verbraucherzentrale**
**Rheinland-Pfalz e.V.**
Seppel-Glückert-Passage 10
55116 Mainz
Telefon 0 61 31/28 48-0
Telefax 0 61 31/28 48-66
www.vz-rlp.de

**Verbraucherzentrale**
**Saarland e.V.**
Haus der Beratung
Trierer Straße 22
66111 Saarbrücken
Telefon 06 81/5 00 89-0
Telefax 06 81/5 88 09-22
www.vz-saar.de

**Verbraucherzentrale**
**Sachsen e.V.**
Brühl 34–38
04109 Leipzig
Telefon 03 41/6 88 80 80
Telefax 03 41/6 89 28 26
vvww.vzs.de

**Verbraucherzentrale**
**Sachsen-Anhalt e.V.**
Steinbockgasse 1
06108 Halle
Telefon 03 45/2 98 03-29
Telefax 03 45/2 98 03-26
www.vzsa.de

**Verbraucherzentrale**
**Schleswig-Holstein e.V.**
Andreas-Gayk-Straße 15
24103 Kiel
Telefon 04 31/5 90 99-0
Telefax 04 31/5 90 99-77
www.vz-sh.de

**Verbraucherzentrale**
**Thüringen e.V.**
Eugen-Richter-Straße 45
99085 Erfurt
Telefon 03 61/5 55 14-0
Telefax 03 61/5 55 14-40
www.vzth.de

**Verbraucherzentrale**
**Bundesverband e.V.**
Markgrafenstraße 66
10969 Berlin
Telefon 0 30/2 58 00-0
Telefax 0 30/2 58 00-5 18
www.vzbv.de

**Stiftung Warentest**
Lützowplatz 11–13
10785 Berlin
Telefon 0 30/26 31-0
Telefax 0 30/26 31-27 27
www.test.de

**Bildnachweis:**

WeberHaus, Seite 21, 37, 53, 83, 139, 147, 148, 149, 155, 187

# Stichwortverzeichnis

# Impressum

Herausgeber

Verbraucherzentrale Nordrhein-Westfalen e.V.
Mintropstraße 27, 40215 Düsseldorf
Telefon 02 11/38 09-5 55
Telefax 02 11/38 09-2 35
E-Mail: publikationen@vz-nrw.de
Internet: www.vz-nrw.de

Verbraucherzentrale Bundesverband e.V. (vzbv)
Verbraucherzentrale Hamburg e.V.
Verbraucherzentrale Niedersachsen e.V.
(Adressen ▸▸ Seite 190 ff.)

| | |
|---|---|
| Autoren | Dipl.-Ing. Peter Burk<br>Dipl.-Ing. Günther Weizenhöfer<br>Institut Bauen und Wohnen, Freiburg<br>www.institut-bauen-und-wohnen.de |
| Lektorat und Koordination | Ilse Mara Berzins<br>Brigitte Bürger, Köln<br>Frank Wolsiffer |
| Fachliche Mitwirkung | Claus Mundorf<br>Beate Uhr |
| Titelfoto | WeberHaus |
| Satz, Gestaltung | TGK Wienpahl, Köln |
| Druck | AALEXX Buchproduktion GmbH, Großburgwedel |

## Ratgeber der Verbraucherzentrale

Hier können wir Ihnen nur eine kleine Auswahl unseres mehr als 100 Titel umfassenden Ratgeberprogramms vorstellen. Auf Wunsch senden wir Ihnen gern die Gesamtübersicht aller Publikationen zu.

Unsere Ratgeber können Sie in den Beratungsstellen der Verbraucherzentralen (Adressen ▸▸ S. 190) kaufen oder bei den Herausgebern (▸▸ Impressum) bestellen. Bitte schicken Sie weder Geld noch Briefmarken. Sie erhalten mit der Lieferung eine Rechnung. Zu den genannten Preisen (Stand: September 2011) kommen noch Porto und Versandkosten.

### Die Baufinanzierung

Dieses Buch ist unentbehrlich für alle, die in den eigenen vier Wänden wohnen wollen. Der Bestseller bietet das Know-how, das Bauherren brauchen, um sich im Konditionendschungel der Kreditinstitute zurechtzufinden und Finanzierungsangebote selbstständig vergleichen können.
4. Auflage 2011
168 Seiten **14,90 €**

### Kauf eines gebrauchten Hauses

Der Hauskauf aus zweiter Hand hat einige Vorteile: Sie können das gebrauchte Haus im fertigen Zustand besichtigen, mit anderen vergleichen und unter Umständen können Sie auch schneller einziehen. Dieser Ratgeber hilft Ihnen bei der Gebäudeprüfung und beim Einschätzen des Sanierungsbedarfs und des Kaufpreises.
7. Auflage 2011
176 Seiten **9,90 €**

### Kauf eines gebrauchten Hauses: Checklisten

Wenn Sie ein gebrauchtes Haus kaufen wollen, sollten Sie es vorher genau unter die Lupe nehmen. Denn nur so bleiben Sie vor unliebsamen Überraschungen verschont. Unsere umfangreichen, detaillierten Checklisten und Hinweisblätter unterstützen Sie dabei – damit die Kosten nicht explodieren. So können Sie auch beruhigt in die eigenen vier Wände einziehen. Mit zwei vollständig kommentierten Kaufvertragsbeispielen.
2. Auflage 2011
248 Seiten **9,90 €**